长春规划十年

2003-2012

长春市规划局 主编

辽宁科学技术出版社

長春規

图书在版编目（CIP）数据

长春规划十年 / 长春市规划局主编. — 沈阳 :
辽宁科学技术出版社，2013.9

ISBN 978-7-5381-8073-2

Ⅰ．①长… Ⅱ．①长… Ⅲ．①城市规划—概
况—长春市—2003～2012 Ⅳ．①TU984.234.1

中国版本图书馆CIP数据核字(2013)第112209号

长春市规划局 主编

总 策 划：王洪顺、曲国辉
策　　划：刘青柏、方　飞、刘延松
执　　行：王昊昱、刘　学、赵要伟、金春燕
地　　址：长春市普阳街3177号长春市政务中心
邮　　编：130011
电　　话：0431-88779208
网　　址：www.ccghj.gov.cn

出版发行：辽宁科学技术出版社
　　　　　（地址：沈阳市和平区十一纬路29号 邮编：110003）
印 刷 者：北京雅昌彩色印刷有限公司
幅面尺寸：210mm×270mm
印　　张：21
字　　数：600千字
印　　数：1～5000
出版时间：2013年9月第1版
印刷时间：2013年9月第1次印刷
责任编辑：付　蓉　姜思琪
封面设计：赵忠华
版式设计：赵忠华　赵　茹　张蓉蓉
责任校对：王玉宝

书　　号：ISBN 978-7-5381-8073-2
定　　价：298.00元

联系电话：010-88382085
E-mail:furong@uedmagazine.com
地址：北京市海淀区甘家口阜成路北一街丙185号
http://www.uedmagazine.net

规划是城市发展的灵魂，贯穿城市的历史、现在与未来。如何对城市的历史和文化给予足够的尊重，使城市难以替代的独特内涵得以延续和发扬；如何以规划为指针引导城市建设，使城市在发展的历程中多留些遗产、少留些遗憾；如何放眼时代长河，以对历史、对人民负责的胸襟开创城市的未来？这是每一个时期的城市规划者、建设者与管理者都必须面对的永恒命题。

优秀的城市规划，应当充分体现战略性、综合性、前瞻性和实践性，是对现实最具权威、最为科学、最有效果的公共政策。规划的制定，需要走科学、民主、法治的轨道，容不得滞后与随意，容不得短视与虚浮，更容不得沦为少数人谋利的工具；规划的实施，需要政府凝心聚气的公信力与坚定持久的执行力，才能使今天的创造成为明天的财富。这样的城市才是最有希望的。

翻开即将付梓的《长春规划十年》，不禁感慨良多。刚刚过去的十年，伴随着城市化进程的快速推进，长春这座年轻的城市发生了日新月异的变化。而这所有变化都刻下了城市规划的深深印记。在这本书里，我们看到了长春的朝气蓬勃、活力四射；在这本书里，我们看到了规划工作者为城市成长所付出的智慧与辛劳；在这本书里，我们更看到了长春的未来，让我们对一个崭新的长春拥有了无限的憧憬和期待。

当然，因为认知的束缚和内外部环境的变化，任何规划都不可能一步到位、一劳永逸。规划本身就是缺憾的艺术，城市规划应当是一个渐进的过程，其"变"与"不变"，都是一座城市科学发展的应有之义。让城市规划在"变"与"不变"的辩证法中找到正确的航向，这才是对历史负责、对未来负责、对人民负责。

历史的遵循、现实的需要，发展的眼光、慎重的态度，科学的精神、担当的勇气，在"变"与"不变"的激烈碰撞中，长春这座城市沿着规划的轨迹一路前行……

让我们把长春城乡规划建设的十年历程、十年砥砺、十年记忆，连同这样一本书，留给历史、留给后人。

是为序。

长春市市长：姜治莹

Contents

目录

时间是标注前进步伐的刻度。十年，在长春市的发展历程中，也许如白驹过隙，转瞬即逝。然而，这十年长春人的蓬勃奋进，不仅延续了城市文脉，拓展了城市领域，更加创新了城市发展，塑造了城市品格。城市，正以其独特的面孔，将这十年辉煌镌刻进它的百年发展历程当中。伴随城市的成长，回首规划十年，是规划编制体系不断完善的十年，也是规划理念不断创新的十年，更是规划管理科学化、法制化不断健全的十年。

十年前，中国进入一个新的历史阶段，贯彻"以人为本，全面、协调、可持续的科学发展观"和"振兴东北老工业基地"战略的实施，为长春市的发展提出新的挑战和要求。此时正值长春市经济和城市化快速发展、区域合作和对外开放力度不断加大的转型期。城市 GDP 年平均增长速度超过 15%，各大开发区发展迅速，城市规模不断扩大，哈大客运专线、新机场等大型基础设施项目即将上马，城市空间供需矛盾日渐突出。而规划方面，截至 2003 年前后，城市建设用地规模已经超出国务院批准的 2010 年的控制指标，作为规划管理依据的《长春市城市总体规划（1996—2010）》接近失效，城市发展缺少导向，而传统的规划管理体系，已经不能适应城市化快速增长的需求。急需明确思路，建立一套完整、适用的规划体系，确保城市快速、健康发展。

一、建立完善的规划编制和成果体系

值此当务之急，规划系统树立了工作重心前移的基本思路，确保城市发展的依据得到完善和补充，一方面在不断完善国家规定的法定性规划层级体系，另一方面要建立起覆盖全市的空间规划编制体系。

（一）开展城市总体规划 制定城市发展宏图

1．实施全覆盖城市总体规划，引导和调控城乡发展
为明确城市发展目标及方向，2004 年经建设部批准，长春市规划局委托中国城市规划设计研究院、清华城市规划设计研究院、东北师范大学城乡规划设计研究院以及长春市城乡规划设计院四家单位，进行新一轮长春市城市总体规划的编制工作。此次规划，从城市发展战略入手，着眼覆盖全部行政区的规划布局，明确发展时序，科学确立了城市区域地位及职能，合理制定了城市发展目标、战略以及城市化途径；有效划分城市空间管制范围，保护城市生态敏感区域。同时确定了城市空间发展方向、功能布局及空间结构；明确了快速、有效的交通与基础设施支撑系统；预留了城市发展必备的公益性空间，为全面提高城市承载能力和服务功能提供了支撑。《长春市城市总体规划（2011—2020）》于 2011 年底得到国务院批准，至此，指导长春市空间发展的纲领性文件在法律意义上得以确认。

城市总体规划确定了中心城区的规划安排，为打破城乡二元结构，构筑城乡一体、统筹协调发展的空间格局，实现整个市区空间范围内的法定规划体系全覆盖，规划局及时启动了市区范围内镇乡总体规划的编制工作，并先后报市政府审批。镇乡总体规划进一步明确了中心城区之外的镇乡之间分工协作关系，合理确定城镇性质及职能；统筹安排了城镇建设用地布局及规模；配置各类配套设施，保证城市与镇乡之间的共建共享。镇乡规划在指导镇乡发展的同时，补充了中心城区规划用地不足，满足中心城市各类经济要素向外扩张的空间发展需求。

2．编制近期建设规划和分区规划，推进总体规划的落实
为了解决城市总体规划报批时间较长的问题，规划局研究利用近期建设规划和分区规划作为实施城市总体规划的手段。近期建设规划是在时间维度上落实城市总体规划的安排，分区规划是对城市总体规划的进一步深化，

实现对总体规划的分阶段跟进，根据建设部抓紧组织开展近期建设规划制定工作的要求，在编制总体规划同时，先后组织开展完成《长春市近期建设规划（2003—2005）》《长春市近期建设规划（2006—2010）》等成果，报建设部备案。结合行政区划在规划区内划分十个分区，编制完成全部分区规划，报市政府批准作为技术成果使用。近期建设规划有效地解决了城市总体规划获批之前缺少指导依据的问题，同时整合和完善了"十一五"、"十二五"期间城市发展目标及战略，确定了不同时期内城市重点发展区域。分区规划则强调新一轮城市总体规划的贯彻落实，保证了重大设施项目建设，在引导城市发展方向上发挥出重要作用。

3. 组织协调专项规划工作，完善城市各项功能

为合理预留城市各项基础设施、公共设施等城市公共利益空间，提高城市基础承载能力，保障经济社会又快又好发展，在城市总体规划的框架内，由规划局协调各行业部门组织编制包括住房、交通、绿化、环卫、给水、排水、供热、燃气、消防、教育等多个专项工程规划。这些专项规划与行业部门统一组织、统一编制、共同参与，有效地将行业发展与城市整体空间发展相衔接，保障了各行业本身建设，同时也为指导城市健康发展提供了保障载体。

（二）编制控制性详细规划 保证项目实施建设

控制性详细规划是城市规划管理的直接法律依据。按照《城乡规划法》要求，没有控制性详细规划作为依据，不得进行土地出让和转让，更不得进行各种建设活动。为此，规划局组织编制完成长春市中心城区控制性详细规划；同时结合镇乡总体规划，与城区政府、镇乡政府配合组织编制了镇乡控制性详细规划，完成了覆盖市区，包括中心城区 64 个规划单元以及 28 个镇乡单元的控制性详细规划成果体系。至 2012 年，覆盖中心城区 445 平方千米建设用地和镇乡近期建设用地的控制性详细规划全部编制完成，并先后报市政府审批。

此次控制性详细规划以城市总体规划为依据，以土地使用控制为重点，以确定地块建设用地性质、使用强度和空间环境指标为内容，强调规划设计与管理及开发相衔接。它以量化的方式将总体规划的原则、意图、宏观控制转化为对城市土地乃至三维空间定量、微观的控制。从而具有宏观与微观、整体与局部的双重属性，既能继承、深化、落实城市总体发展意图，又可对地块建设提出直接指导修建性详细规划编制的准则。在规划管理上，控制性详细规划将城市宏观管理转化为具体的地块建设指标，使规划编制能够与规划管理及土地开发建设有机结合。

（三）进行规划战略研究 补充完善规划成果体系

为使城乡规划成果更加具备科学性及可操作性，针对城市实际存在问题和出现的新情况，需要进行前瞻性的规划研究工作，作为法定规划的工作基础。2003 年起，规划局先后组织完成了长春市空间发展战略研究、长春市整体城市设计、城市紫线划定、南部新城规划国际咨询等多项规划研究，为总体规划编制提供了参考。同时针对城市发展变化，又适时针对重点发展区域，与各城区开发区组织编制完成了长东北发展概念规划、西客站区域城市设计、长春国际汽车城发展规划研究、重点棚户区改造研究、伊通河整治研究、红旗商贸圈发展研究等大量研究工作，为城市整体发展、重点区域建设提供了良好的理论研究基础。

十年来，覆盖整个城市的规划编制体系从无到有，从量变到质变，为城市发展提供了坚实的基础。截至目前，从规划成果形式上看，已经包括了从总体规划阶段到控制型详细规划阶段到最终颁发规划条件的全过程规划，建立了以法定规划为核心、规划研究为补充的规划编制体系；从规划编制范围看，已经形成了覆盖全市区，包括中心城区和镇乡单元的全空间规划体系，扭转了城市发展依据匮乏的局面，使我市城市规划建设步入有法、有序的新阶段。

二、规划理念的创新与发展

十年来，规划系统本着实事求是、与时俱进的工作思路，以科学发展观为统领，为适应城市高速运转、科技不断提升、行政管理日趋高效的发展背景，不断完善创新规划理念，将城市发展转变为城乡协调；将空间规划转变为综合规划；将目标规划转变为过程规划；将市级规划转变为多元参与。

（一）城市规划到城乡发展与区域协调

在城镇化高速发展的过程中，今天的农村也许就是明天的城市，然而长期以中心城区为主的规划编制管理模式导致长春市城乡二元空间差异显著，发达的中心城市与落后的城镇、乡村并存。边缘城镇缺乏对中心城区转移功能的承接能力，还不能对中心城区经济总量扩张、产业结构升级以及"大城市病"问题的解决发挥作用。

为保证城乡协调发展，促进中心城区结构调整优化，2003 年，在编制新一轮城市总体规划之初，即将全部行政区域设定为规划区，并实行规划区全覆盖规划。根据不同区域的发展特征、资源禀赋及生态环境承载能力，城市总体规划按照"一城、一区、十一组团、八城镇"四个层次组织规划区范围内城镇发展空间，实施分类指导，把握城市、城镇与乡村之间的互动关系，明确城镇未来发展方向；同时根据规划区内自然资源分布情况，合理划定自然生态保护、城市远景发展预留、城镇建设等用地类型，实施分类保护和空间管制；结合生态系统预留市政设施廊道、重大基础设施，为保护自然资源、预留城镇发展空间、保障城镇健康发展提供了理论基础。

2008 年新的《城乡规划法》明确将传统城市规划调整为城乡统筹的发展规划。规划局先后组织编制镇乡规划成果使城乡发展能够站在区域整体发展的角度上，科学理性地调配各级、各类建设用地，实现统一规划、合理布局，保证中心城市各类经济要素向外扩张的空间发展需要，也为推进城市化进程，构筑城乡一体、统筹协调发展的格局提供了规划保障。

（二）从空间规划到综合规划

随着经济社会的不断发展与进步，城乡规划已经摆脱了传统单纯空间规划的概念，体现出综合性和复杂性，其广度几乎涉及各个行业和各个领域；其深度从宏观区域发展可延伸到每个具体事项。规划工作的视点逐渐从空间发展到经济建设、文化传承、生态保护、社会民生，正是这些综合性的规划体系，有效保证了城市经济、社会、环境的和谐统一。

1．促进城市发展，保障经济建设

为充分落实经济社会发展目标，贯彻市委、市政府确定的产业发展方针，以及推进"三城两区"重点建设任务，城乡规划以实现"三化统筹"为目标，在战略规划指导下，通过对市区内规划研究以及法定规划的编制审查工作，优先在土地供给和设施建设上为产业发展提供保障，促进了长东北开放开发先导区、西南部汽车产业开发区、东北部生物化工园区，西部轨道客车产业基地的开发建设；指导完善了空港物流园区和长江物流等园区的基础设施建设；扩大了光电信息产业的挖潜空间；创新了城区和镇乡产业形态，积极地响应了"三动战略"的实施。

2．维系生态安全，打造流绿都市

有效保护并合理利用自然资源是城乡规划工作的基本要求。按照科学发展观的要求，明确了构建城市近域生态框架要求，形成"一脉、二环、三水、八楔"生态景观结构，提出了森林、水体、农田、湿地的多样性生态格局；在大黑山脉保护规划指导下，划定了生态建设区、生态控制区、生态恢复区空间，保护大黑山脉沿线森林生态系统；在城市水系规划及伊通河综合整治规划指导下，加强了对水系、明沟等沟渠的环境整治工作，恢复传统的水脉

相连的绿色空间；在城市绿地系统规划指导下，确定了街头绿地、路侧绿带等线性绿地建设，打造"一环、线网、多园"的城市绿地空间网络；此外，在南部新城、净月新区等新区设计中强调绿色系统网络化、步行化，形成贯穿城区的绿色基底，并将各项城市功能设施散布于绿色之中，打造"流绿都市"。

规划长春市将形成以大黑山脉生态系统为核心，以森林公园、湿地为斑块，以道路、水系为脉络，点、线、面相结合的城市森林系统，成为森林绕城、绿树映城、林水穿城的高品质生态城区，为创建绿色宜居城市提供良好的自然基础。

3.保护历史文化资源，延续城市特色

长春是规划发展起来的城市，城市美化运动为长春市留下了深刻的印记。鲜明的城市轴线及通廊、典型的建筑及特色街区、开敞连贯的自然绿色空间以及独具特色的风貌元素构成了长春市"疏朗、通透、开敞、大气"的城市整体景观意向。为保留城市历史文脉，在经济快速发展不断向空间争夺资源的过程中，规划始终努力保护历史文化和历史遗存。

2004 年，配合新一轮的城市总体规划修编，规划局组织了长春城市历史文化及城市紫线划定的研究工作。研究扩大长春市历史建筑的外延和内涵，对保护历史建筑数量、范围进行了调整和增加，将新中国有历史意义的近代建筑纳入历史建筑的保护之列，同时将长春市的一些特有的城市历史风貌区域划入保护的范围中。在此基础上，编制完成长春市 99 处 237 栋保护历史建筑的城市紫线划定的全部工作，同年市政府批准了《公布保护（第一批）历史建筑名录》，明确涉及文物保护单位、历史建筑及其周边地区的建设要求；2009 年，又经省政府批准确认 6 处历史文化街区，编制完成历史文化街区保护规划，有效保护了历史文化遗存。

为保护城市特色，城市规划设计中确定了延续历史景观轴线，保留与更新传统景观要素；严格控制重要区段的建筑高度、形式、体量；严格限制开发强度，维护开敞大气的城市整体空间格局的基本原则。此外，传统的小路网肌理、连续的开敞空间以及宽马路、四排树、圆广场等设计手法仍被不断应用到新城建设和旧区改造当中，从而使城市文化特色得以保存和发扬。

4.完善城市基础设施规划，有效改善民生

十年来，规划编制始终以关注民生、保障民生、改善民生为指导思想，不断优化完善基础设施规划和交通规划，为城市安全、健康运行提供保障。

为保证城市的正常运转，规划工作中坚持基础设施规划供给能力与技术标准的超前性原则，结合城市发展方向和功能定位，高起点、高标准、高质量规划基础设施体系，充分预留远期市政设施廊道，发挥基础设施布局对加快实施城市化战略的基础性和先导性作用；强调基础设施建设整体推进与突出重点的结合，顺应城市化加快发展的趋势，既着眼城市框架拓展，全方位推进各类基础设施建设，又要实事求是、量力而行、分步实施，立足城市重点地区重点建设；强调基础设施网络化、系统化，从网络化的视角统筹考虑城市基础设施项目的规划和布局，打破部门分割、行业垄断和行政区划的限制，加强城市内外、行业之间各类基础设施项目的协调和配套，提高基础设施的共建共享水平。

为解决不断增长的机动车与日益拥阻的道路之间的矛盾，有效改善交通，提高居民出行能力。十年来规划不断研究确定了"绿色交通"的发展模式。结合快速轨道交通，采用 TOD 模式调整城市内部空间结构，改变

居民出行方式，降低区间交通数量；打造开放式路网，为城市持续发展预留方向；通过发展公共交通，建设低成本轻型轨道运输，减少机动车出行量；通过建设快速路与密集小路网结合的道路体系，有效疏解交通。从而建立起"快速、便捷、安全、舒适、和谐"的综合交通系统。

（三）从市级规划到多元参与

近年来，城区和开发区已经成为城市发展建设中的重要主体，各城区既相互配合，又相互竞争，共同完成城市的整体功能。以往单纯从市级政府角度编制规划，易导致市级政府自上而下的总体发展目标与分区政府为发展经济自下而上的建设行为之间出现差异，进而使城市规划在实施过程中出现偏离。

为促进城市整体协调发展，首先在总体规划中将分区建设作为重要编制内容，制定分区发展和建设指引，明确各分区发展定位和主要的建设要求，确定各行政区建设主体的权利及义务，以适应建设主体多元化的趋势，充分发挥各级建设主体对城市发展所起的积极作用，保证总体规划对各行政分区规划的调控与引导。

其次，规划局增强了与城区、开发区、市属各部门之间的合作。十年来，各城区、开发区协助规划部门投入了大量资金、力量，积极参与到组织编制规划过程中来。除分区规划外，一些城区还着手进行了大量的规划研究工作，为制定法定规划提供了参考。规划部门也充分发挥自身技术资源，主动协助城区研究规划条件，制定"统筹规划，分步实施，条件先行，招商同步"的服务措施；并与国土部门共同研究年度土地供应计划，为建委提供年度重点市政工程项目指引。使土地出让、市政建设与城乡规划统一，提高了城市建设管理的效率。

为进一步提高城市规划工作的透明度。十年来，规划局加大力度建设公示制度和公众参与制度，对涉及市民切身利益的建设项目必须在批前进行公示，使意见和矛盾暴露在行政许可之前，有效防范矛盾的激化，促进和谐社会的建设。同时通过专家审议、公众听证、咨询等方式将社会各界意见积极地融入到规划工作当中。

（四）从目标规划到过程规划

规划工作的基本出发点，是要解决城市发展与建设过程中不断出现的问题，制定解决问题的公共政策。然而传统意义的规划依然保留着计划经济时期的特征，编制规划的过程仍定格为静态蓝图，没有实施反馈信息进行调试，规划缺乏弹性和应变能力。进入新世纪以来，随着城市化进程不断加快，影响区域与城市发展的可变因素不断增多，原有目标式规划往往导致城乡规划与市场需求的脱节、城乡规划与城市政府工作目标的脱节、城乡规划与对城市发展的科学引导与合理控制的脱节。

为适应市委市政府的发展要求，以及应对城市发展重点的调整，规划强调在时间角度上编制的过程规划。十年来先后组织编制了四轮近期建设规划，分时段确定城市发展的重点区域及重大设施建设。在此基础上，相应编制年度实施计划，合理确定年度道路交通、市政基础设施以及城市重大公益性项目，保证城市建设有序开展。努力形成研究、编制和实施规划的完整过程。

为提高城乡规划对城市发展与建设的适应程度，建立规划动态调整机制，在规划管制上充分考虑市场选择的不可预见性，在保证城市公共空间、生态空间，维护城市整体格局的基础上，确定特殊功能区域，保留弹性使用性质及配建设施，根据项目落位过程，合理确定功能，避免因修改规划带来的时间延误，确保项目建设的科学性及实效性。同时，为防止出现调整规划的随意性，制定了严格的程序要求，杜绝按照个人意志与价值观任意调整。

三、超前研究未来城市空间发展战略

经济全球化的今天，区域的发展表现为城市区域的竞争与合作，城市的发展是以中心城市为核心与其周边城镇共同构成的城市区域的共同发展。随着各类国家级综合改革试验区的相继成立，标志着我国进入区域全面协调发展的阶段。2007 年，依据《东北地区振兴规划》，吉林省委、省政府提出建设长吉图开放带动先导区，强调以长吉两市为腹地，以图们江口岸为前沿的开发开放战略。为保证长春市在区域发展中发挥积极的辐射带动作用，2008 年，规划局组织编制了长东北开放开发先导区建设规划，强调长春市将作为吉林省经济发展的重心，是长吉图开放带动先导区的内陆端口，经济发展核心。2010 年，在城市总体规划调整中强调长春未来要面向东北亚区域，积极融入环渤海经济圈，加快资源要素集聚、产业和科技创新，建设区域性物流和商务服务中心；在东北地区"三纵五横"的空间发展格局下，发挥哈大经济带优势，加强与东北地区大城市间的区域协作，促进沿线城镇发展。

2011 年，在市领导的指导下，以长吉一体化发展为背景，规划局特别邀请国务院研究室、同济和清华大学，以及美国、瑞士、澳大利亚等一批国内外的研究设计团队，在东北亚、东北地区、长吉图等大区域的背景中，开展了长春市远景战略规划研究。

战略规划指出，我国的城市发展已经进入城镇群发展时期，开放的城镇群成为承载区域战略的重要地理单元。在此背景下，未来区域发展将以打造长吉联合都市区为重点，形成以长吉区域为核心，连接东北亚五国主要资源富集区和重要经济区的东北亚国际合作走廊；实施长吉一体化，建设长吉新区，打造长吉图国际合作核心区，成为中国主导东北亚区域合作和发展的核心承载地；长春市将建设成为东北亚国际中心城市，承载东北亚自由贸易核心区、东北亚文化与科技创新合作区、世界级先进制造业尖峰区、中国绿色发展示范区四项主要职能，成为中国主导下的东北亚国际合作与发展核心区。远景，通过城际合作，长春市将不断提升区域辐射和带动能力，在近域约 6 500 平方千米的范围内，建设形成用地规模约 1 200~1 600 平方千米，可以承载人口约 1 400 万的大都市区。

未来，长春仍将依托自己独特的区位优势，坚持规划引领，高起点、高水平、高质量、高级别设计未来城市发展路径；不断创新城市发展理念，创新城市发展形态，不断丰富核心城市功能，建设和谐首善之城，准备迎接一座千万人口级别城市的到来。可以预见到，在下一个十年中，长春市的城乡规划将会在更加广阔、更加深入的领域里，引领这片广袤土地和这座美丽城市的人民，将长春市建设成为经济发达、社会和谐、文化繁荣、科技进步、资源节约、环境优良的绿色宜居城市，把每个居住在这片土地上的人们的生活都装扮得更加美好。

原长春市规划局局长：

Changchun Urban and Rural Planning Compile Results System

长春市城乡规划编制
成果体系

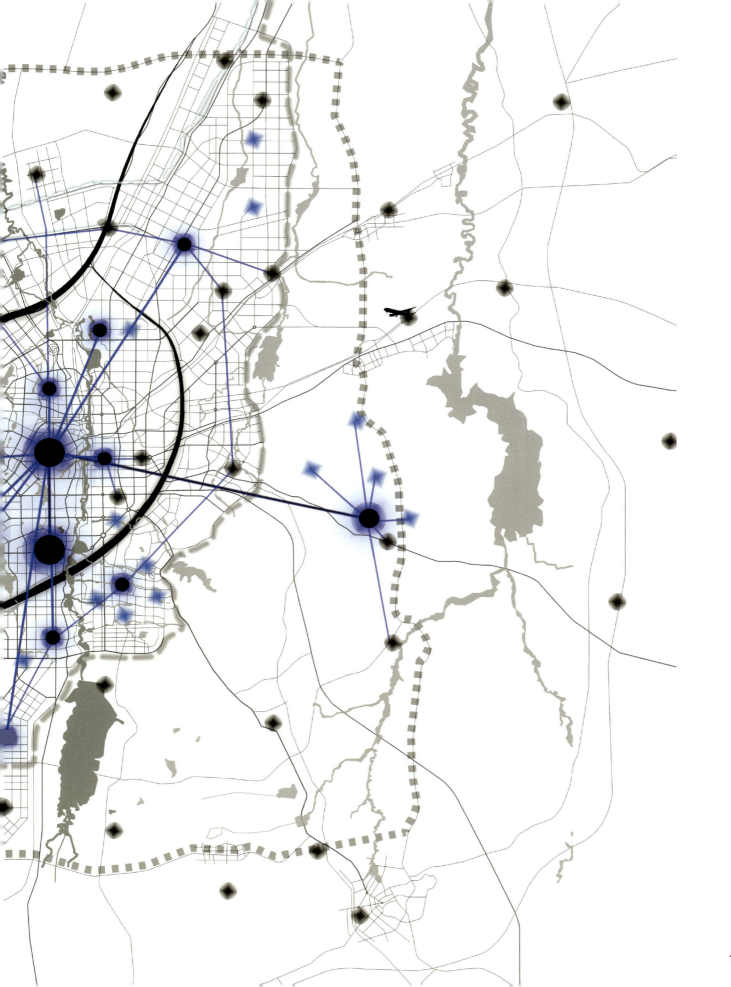

我国的城市规划体系是在新中国成立后伴随着国家的工业化、城市化进程逐步建立起来的。1989 年第一部《城市规划法》的颁布，标志着计划经济时代城市规划体系的成熟，在此之后，城市规划在城市建设与发展中的作用日益突出。伴随着我国进入高速城市化发展时期，城市经济的发展和社会的转型，既带来了发展机遇，也增加了多种挑战和风险。在此背景下，2008 年颁布实施的《城乡规划法》，明确了城乡规划作为重要的政府职能，是区域发展与城乡建设的基本依据，在制定调控空间资源、保护生态环境、维护社会公平、保障公共安全和公众利益等重要公共政策方面发挥着巨大作用。

为了发挥应有的作用，长春市的规划工作既在实践中强化城乡规划的调控能力，破解发展进程中的多重矛盾和约束，引导城镇化持续健康发展，充分发挥城镇化和城镇发展对于经济社会发展的促进和支撑作用；也要积极发展其战略性、前瞻性、系统性和实践性等属性，积极探索构建与之相应的城乡规划体制和体系，彰显城乡规划的社会调节和公共管理功能。这是城乡规划工作改革和发展的重要目标，也是时代赋予当今城乡规划工作者的重大使命。2008 年以来，长春市主动探索、创新研究，在 2010 年，结合长春市发展实际，搭建并实践了《长春市城乡规划编制成果体系》。

一、构建意义

（一）统筹城乡发展理念 发挥城乡规划的宏观调控作用

城乡规划的本质是城乡发展与建设的时空安排。城市发展需要在统一的目标下系统实施。《城乡规划法》规定了规划工作的宏观调控职能和先规划后建设的原则。城市规划发展意图需要通过规划编制成果来实现，这些编制成果要对城市更长远的发展作出预测性安排，要协调城乡空间布局，改善人居环境，促进城乡经济社会全面协调可持续发展，要改善生态环境，促进资源、能源节约和综合利用，保护耕地等自然资源和历史文化遗产，保持地方特色、民族特色和传统风貌，防止污染和其他公害，并符合区域人口发展、国防建设、防灾减灾和公共卫生、公共安全的需要。为实现这样的目标，必须建立全市统筹、目标统一、分工明确的城乡规划编制成果体系。该体系必须既由代表城市发展意图的纲领性规划为引领，使城市的各项事业在统一的战略思想下，通过全框架规划成果的体系，系统实现宏观调控作用。

（二）系统整合规划层级 有序构建交互支撑的成果体系

我国现行的城市规划编制体系层次较多，既包括战略规划、区域规划等宏观规划，也包括城市总体规划、控制性详细规划等法定规划，还包括专项规划、城市设计等常规规划以及各类专题研究和基础性研究等。面对众多的规划成果，往往出现编制与管理依据多元化、随意化，导致实施效率低的现象。为了有效规范这些不同门类、不同层级、不同深度、不同时效规划之间的关系，必须明确这些规划的层级和作用，构建突出核心规划的引领地位，强化法定规划指导实施的特性，发挥各类常规规划在不同编制层级的作用，同时加大基础研究力量体现规划的科学性的规划编制成果体系，使其协同一致，交互支撑。

（三）突出法定规划载体 实践技术成果向公共政策的转型

《城乡规划法》规定了"一级政府、一级事权"的编制与管理原则，明确了与之相对应的城市总体规划、镇乡规划、控制性详细规划等法定规划编制和实施任务。这些规划是城市总体发展战略的实现载体，必须通过编制体系，明确各级法定规划的编制意图，全面地落实城市总体发展战略。

同时,《城乡规划法》出台后,控制性详细规划法定地位的增强,是城市国有土地使用权出让转让和地价测算的重要依据,是规划实施管理的直接依据,是所有城乡规划成果的法定承载平台。因此,必须以编制成果体系为规划指导,使各类规划成果有序地在控规中,并按照分层、分类、分项的原则,完成控规由技术成果向公共政策的转化。

(四) 强化基础研究平台 探索可持续的动态规划平台

城市规划往往要提前、深入、综合地破解城市发展中的各类问题。这些专业特性要求规划编制成果的前瞻性、科学性和实践性。必须加大力度,强化城乡规划的基础研究平台建设,提前研究、加大储备,以科学、广泛的支撑性研究和数据积累,成为各类规划编制的依据。突出实时规划、长效规划、智慧规划的理念,力图构建探索可持续的动态城乡规划平台。

二、构建原则

战略统领、依法搭建的原则;
高度关联、互为支撑的原则;
持续长效、动态开放的原则。

三、长春市城乡规划编制成果体系

构建以战略规划为统领,以法定规划为核心,以常规规划为补充,以数据和研究为基础,不断实施全框架的规划成果体系为城市发展建设持续提供有力保证。

体系分为一个统领、三大板块。其中包括 15 大类,55 中类,278 小类,2 000 多个子项。

(一) 以战略规划为统领

将制定城市战略规划作为整个编制工作的统领。由于法定规划中,城市总体规划的编制内容过于专业,导致各种专业部门和各级政府难于理解,不能快速达成共识;战略规划既能够快速在各级政府中统一思想,成为政府的发展政策和纲领性文件,也在统领各相关规划方面具有很强的优势。城市战略规划在层级上分为区域发展战略、城市总体发展战略、城市专项发展战略。

(二) 构建法定规划、常规规划、数据和研究的"三大板块"的实施体系,实现"三方互动、立体推进、同步进行"

"三方互动"指空间、交通、环境与资源三大体系互为支撑;"立体推进"指体系每个系统自上而下都沿着从宏观、中观、微观的规划层级层层深入;"同步进行"指体系的实施,我们将制定编制计划,围绕着城市发展重点,将体系中涉及各类规划,同步进行编制,以达到指引实施的目的。

1. 法定规划成果
法定规划成果是指在《城乡规划法》中,明确要求由市人民政府进行组织编制各类规划成果。法定规划是具有法律效力，直接指引城市规划建设实施的最核心规划成果。

主要包括城市总体规划、镇乡总规，城市控制性详细规划、规划条件等；也包括历史保护的相关规划，如已经编制完成的历史街区保护规划。其中，镇乡规划成果应在战略规划的指引下进行编制，并与中心城区控规成果共同实现规划区规划全覆盖。

2. 常规规划成果

常规规划成果是指根据长春市作为特大城市的实际情况，为了深化实施法定规划，必须编制的规划成果。常规规划成果既是上一层级法定规划成果的深化落实，也是下一层级法定规划编制的依据。

包括专项规划、分区规划、重点地区概念规划和城市设计、各类详细规划设计等。其中分为空间、交通、环境与资源三个方面。

空间方面包括：城市旧城综合改造专项规划、城市生态绿地系统专项规划、城市中心体系专项规划等专项规划；长春市朝、南、宽、二、绿、双、经、高、净、汽、莲等 11 个分区规划；长德新区、永春新区等重点地区规划；城市街路景观绿化设计、公园设计、历史文化街区保护与利用规划设计、特色片区设计等。

交通方面包括：综合交通专项规划、快速路体系专项规划、公交专项规划、轨道交通专项规划、慢性系统专项规划、物流系统专项规划、交通管理专项规划等专项规划；重庆路商圈、桂林路商圈、红旗街商圈等重点地区交通组织规划；各级交通枢纽规划；重要交通节点和道路的详细规划设计。

环境与资源方面包括：城市给水、排水、供热、燃气等专项规划；水源地保护规划、市政廊道控制、大黑山脉地区环境保护规划等特定地区规划；旧城区管网改造等工程设计。

3. 基础研究成果

基础研究成果是指城市规划数据调查和规划课题研究。基础研究成果既是科学、合理地完成法定规划和常规规划的基础条件，也是我市高速发展的有力保证。主要包括：基础数据调查分析和规划课题研究。其中，基础数据调查除了空间、交通、资源与环境，还包括历年人口、经济、城市建设等基础数据的持续采集和空间分布分析。

规划课题研究包括各类法定规划和常规规划所涉及的各项问题的前期研究（每一个法定规划和常规规划都有 3~5 个前置性研究课题为支撑），以及城市突发事件和针对城市特定问题的研究。其中，空间问题的数据调查和研究包括：城市建设实施评价报告、城市人口空间分布等数据调查；长吉区域空间发展研究、城乡统筹规划研究、地下空间利用研究、城市建筑风格研究、旧城综合改造相关问题的前期研究等规划研究。交通问题的数据调查和研究包括：城市交通发展报告、现状停车场分布调查、城市 OD 调查等数据调查、区域交通发展模式研究、旧城静态交通问题的研究。资源问题与环境的数据调查和研究包括：城市水资源承载力研究等规划研究。

四、实施情况

（一）成果统计

自 2003 年以来，长春市通过依靠当地规划设计机构，聘请外地专家以及外地设计机构与当地设计机构合作等多种规划编制组织方式，累计完成各种类型、各个层面规划项目 770 项规划，其中：战略规划成果 16 项、法定规划成果 413 项、常规规划成果 215 项、基础研究成果 126 项。

（二）规划成效

1. 持续探索、勇于超越，走科学规划之路，始终坚持对城市长远空间发展战略的长期研究

2003 年以来，为了寻求更为科学理想并相对稳定的城市终极空间状态，长春市对城市空间发展战略的研究一直在持续进行，并已经成为规划编制的常态性工作。不断深入的研究使我们对城市空间发展的认识进一步清晰，其成果也不断为城市总体规划编制提供支撑，为研究解决城市发展中各类现实问题提供引导。

2010 年，在多年研究成果的积累上，在长吉图国家战略和长吉一体化实施策略的背景下，经过总报告和 11 个专题的研究，从资源、能源、环境、交通、产业等关系长春经济社会发展的根本性问题入手，力求通过全方位、多角度、宽领域的研究，成为指引新一阶段发展的重要依据。

2. 以全心全意为城市发展服务为宗旨，率先完成全部法定规划的编制，实现市区法定规划成果全覆盖，为我市各项事业的建设提供规划保障

2003 年至今，是长春市城市各项事业发展最快的时期，面临着空间规模的拓展、城市结构的调整以及城市中心和新城的建设等一系列迫切需求。在发展进程中，长春市一直坚持以规划指导城市建设，不断加大编制工作力度，也实现了跨越式的提高。新一轮城市总体规划已经国务院批准，控制性详细规划全覆盖工作已经完成，使全市的规划管理进入新的阶段。

3. 以开放的理念完成高质量的成果，着力推进城市重点区域的实施

长春市以开放的姿态"敞开门做规划"，组织国内外一流设计团队，多次进行国际方案征集，重点打造以南部新城为承载的城市中央商务区；以北部新城为主体的北部现代中心区；以西部新城为依托的综合交通枢纽与高品质服务区；以及以西南工业区为代表的高新技术产业和汽车制造业集聚区；同时配合长吉图发展战略建设以长东北开放开发先导区为载体的先行先试区。

4. 破解城市问题，大力推进各类专项规划和专题研究

实现"通达、绿色、和谐"的交通愿景，编制《长春市综合交通体系规划》和《十二五交通规划》；不断优化城市功能，编制《长春市地下空间规划》、《物流空间布局专项规划》；关注民生、促进城乡和谐，编制《住房建设规划》、《中小学布局专项规划》；保护城市生态格局，建设绿色宜居城市，编制《长春市地表水系规划》、《大黑山脉生态区保护规划》、《伊通河综合改造规划》等；规划全面提高城市承载能力和服务功能，开展编制给水、雨污水、供热、燃气等各项基础设施专项规划。这些专项规划的储备，有效地支撑了城市健康有序发展。

长春市城乡规划编制成果体系

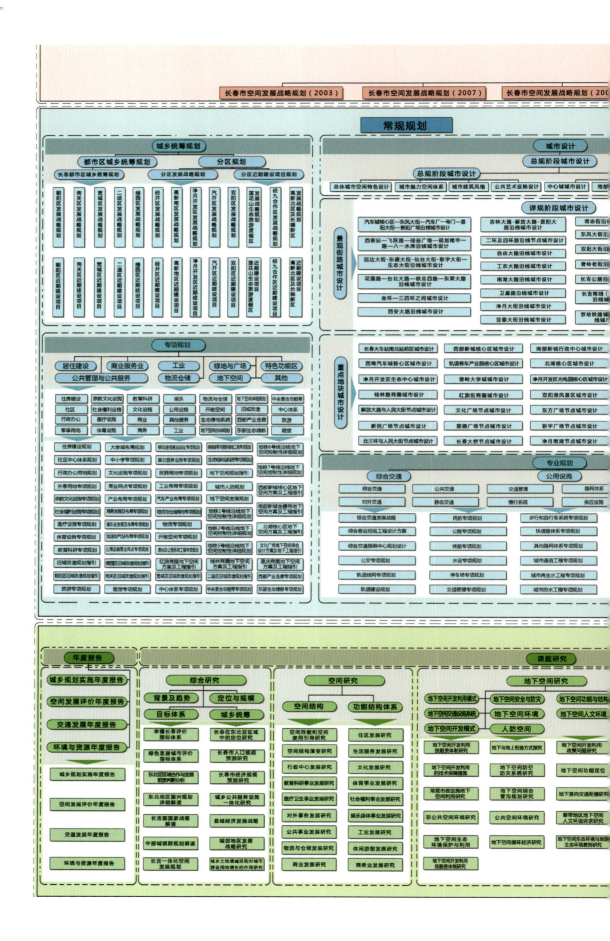

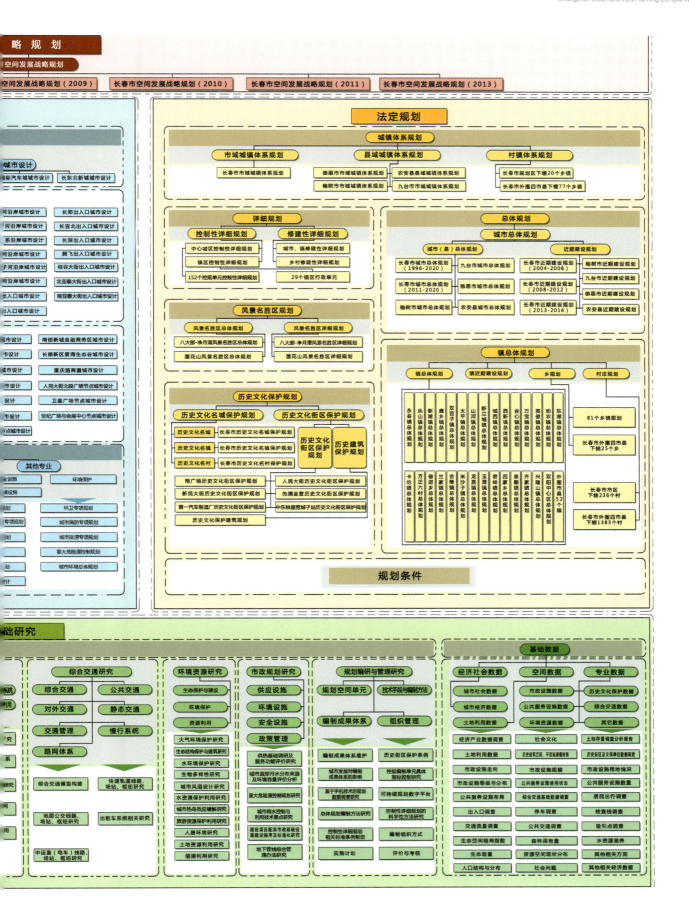

略 规 划

空间发展战略规划

空间发展战略规划（2009）　长春市空间发展战略规划（2010）　长春市空间发展战略规划（2011）　长春市空间发展战略规划（2013）

法定规划

城镇体系规划

市域城镇体系规划　县域城镇体系规划　村镇体系规划

长春市市域城镇体系规划

德惠市市域城镇体系规划　农安县县域城镇体系规划　长春市规划区下辖20个乡镇

榆树市市域城镇体系规划　九台市市域城镇体系规划　长春市外围四市县下辖77个乡镇

详细规划

控制性详细规划　修建性详细规划

中心城区控制性详细规划　城市、镇修建性详细规划

镇区控制性详细规划　乡村修建性详细规划

152个控规单元控制性详细规划　29个镇区行政单元

总体规划

城市总体规划

城市（县）总体规划　近期建设规划

长春市城市总体规划（1996-2020）　九台市城市总体规划　长春市近期建设规划（2004-2008）　榆树市近期建设规划

长春市城市总体规划（2011-2020）　德惠市城市总体规划　长春市近期建设规划（2008-2012）　九台市近期建设规划

榆树市城市总体规划　农安县城市总体规划　长春市近期建设规划（2013-2016）　德惠市近期建设规划

农安县近期建设规划

风景名胜区规划

风景名胜区总体规划　风景名胜区详细规划

八大部·净月潭风景名胜区总体规划　八大部·净月潭风景名胜区详细规划

莲花山风景名胜区总体规划　莲花山风景名胜区详细规划

镇总体规划

镇总体规划　镇近期建设规划　乡规划　村庄规划

永春镇总体规划　乐山镇总体规划　新湖镇总体规划　鹿乡镇总体规划　双营子镇总体规划　太平镇总体规划　山河镇总体规划　新立城镇总体规划　城西镇总体规划　西新镇总体规划　万宝镇总体规划　美俗镇总体规划　劝农镇总体规划　东湖镇总体规划

81个乡镇规划

长春市外围四市县下辖25个乡

卡伦镇总体规划　方正六村总体规划　兰家镇总体规划　合隆镇总体规划　米沙子镇总体规划　玉潭镇总体规划　龙嘉镇总体规划　奢岭镇总体规划　四家乡总体规划　泉眼镇总体规划　齐家镇总体规划　兴隆山镇总体规划　双阳中心城区总体规划　外围市县区52个镇

长春市市区下辖236个村

长春市外围四市县下辖1383个村

历史文化保护规划

历史文化名城保护规划　历史文化街区保护规划

历史文化名城　长春市历史文化名城保护规划　历史文化街区保护规划　历史建筑保护规划

历史文化名镇　长春市历史文化名镇保护规划

历史文化名村　长春市历史文化名村保护规划

南广场历史文化街区保护规划　人民大街历史文化街区保护规划

新民大街历史文化街区保护规划　伪满皇宫历史文化街区保护规划

第一汽车制造厂历史文化街区保护规划　中东铁路宽城子站历史文化街区保护规划

历史文化保护建筑规划

规划条件

城市设计

国际汽车城城市设计　长东北新城城市设计

河沿岸城市设计　长郑出入口城市设计

河沿岸城市设计　长吉北出入口城市设计

系沿岸城市设计　长深出入口城市设计

子河沿岸城市设计　腾飞出入口城市设计

河沿岸城市设计　硅谷大街出入口城市设计

出入口城市设计　北亚泰大街出入口城市设计

入口城市设计　南亚泰大街出入口城市设计

城市设计　南部新城金融商务区城市设计

市设计　长德新区雾海生态谷城市设计

城市设计　重庆路商圈城市设计

市设计　人民大街北段广场节点城市设计

设计　卫星广场节点城市设计

计　世纪广场与会展中心节点城市设计

点城市设计

其他专业

业设施　环境保护

典设施

划　环卫专项规划

专项规划　城市消防专项规划

划　城市排涝专项规划

重大危险源控制规划

城市环境总体规划

设计

础研究

基础数据

综合交通研究　环境资源研究　市政规划研究　规划编研与管理研究　经济社会数据　空间数据　专业数据

综合交通　公共交通　生态保护与建设　供应设施　规划空间单元　技术手段与编制方法　城市社会数据　市政设施数据　历史文化保护数据

对外交通　静态交通　环境保护　环境设施　城市经济数据　公共服务设施数据　综合交通数据

交通管理　慢行系统　资源利用　安全设施　编制成果体系　组织管理　土地利用数据　环境资源数据　其它数据

路网体系　政策管理

大气环境保护研究　供热基础调查及服务功能评价研究　编制成果体系维护　历史街区保护条例　经济产业调查　社会文化　土地存量调查分析报告

综合交通模型构建　生态结构保护与建设研究　城市降污水分布来源调查及环境容量评价分析　城市发展对编制成果体系的影响　控规编制单元具体指标控制研究　土地利用数据　历史建筑定紫、平面查勘管理研究　历史街区及文保单位数据管理

水环境保护研究　市政设施走向　市政设施规模

地面公交线路、场站、枢纽研究　出租车系统相关研究　生物多样性研究　重大危险源控制规划研究　基于手机技术的数据调查研究　可持续规划数字平台　市政设施等级与分布　公共服务设施使用状态　市政设施用地情况

城市风道评估研究　城市雨水控制与利用技术要点研究　总体规划编制方法研究　控制性详细规划的科学性研究　市政设施布局　综合交通基础调查　公共服务设施数量

水资源保护利用研究　出入口调查　停车调查　居民出行调查

中运量（电车）线路、场站、枢纽研究　城市热岛效应缓解研究　建设项目配套市政基础设施建设程序与标准研究　控制性详细规划相关标准条件制定　编制组织方式　交通流量调查　公共交通调查　核查线调查　吸引点调查

旅游资源保护利用研究　实施计划　评价与考核　生态空间格局指数　森林保有量　水资源涵养

人居环境研究　出生率数据　地下管线综合管理办法研究　公共服务设施　资源空间现状分布　其他相关方面

土地资源利用研究　生态容量　社会问题　其他相关经济数据

能源利用研究　人口结构与分布

Changchun City Long-term Development Planning

长春市
城市远景发展规划

长春市是一座按照规划建设的城市，自建成之初就吸取了中国传统城市规划思想和西方现代城市规划理念，战略性地奠定了今天独具特色的城市风貌和空间格局。总结历史的经验，可以深刻地认识到城市发展需要具有远见的规划指引，《城乡规划法》也明确提出了"城市规划要对城市更长远的发展做出预测性安排"的要求。2003年以来，长春市始终坚持以空间战略研究的形式不断探索更为理想的空间形态。2011年6月，在持续编制了4版空间战略研究的积累上，按照省市领导的指示，在国家现行法定规划编制体系基础上扩大视野，在东北亚、东北地区、长吉图等大区域的发展中，全方位、多角度、宽领域对长春市的远景发展进行研究，编制《长春市战略发展规划》。通过此次编制，长春市更加坚定了以战略规划为统领，建设实施《长春市城乡规划编制成果体系》的核心思想，同时明确了战略规划

坚持要持续编制的开放研究思路。

此次战略规划编制工作采用"专家领衔、团队合作"的方式完成。邀请了国务院研究室综合发展司司长陈文玲、同济大学赵民、清华大学饶容、中国环保部规划院吴舜泽等多位专家领衔，以及美国RTKL、瑞士SWECO、澳大利亚HYHW等国外一流的设计团队与长春市规划院共同进行编制。成果突破传统的空间战略规划内容，创新形成了包括总报告和各项专题报告"1+11"的成果，包括：长春市城市发展战略规划总报告和长春市定位和策略、长春市生态安全格局、长吉联合都市区空间发展、长吉共享区空间发展、长春市城市空间结构优化、东北亚国际形势、长吉联合都市区交通发展、环境保护、水资源和能源战略等11个专题。

长春市空间发展战略规划总报告
专题一：长春市区域与产业发展战略研究
专题二：长春市生态安全与发展规划
专题三：长吉联合都市区空间发展研究
专题四：长吉联合都市区交通发展规划
专题五：长吉共享区空间发展规划
专题六：长春市空间结构优化研究
专题七：长吉联合都市区环境保护战略规划
专题八：长春市水资源优化配置战略规划
专题九：长春市能源战略规划
专题十：长吉联合都市区生物多样性保护战略规划
专题十一：东北亚国际形势研究

总体思路

国际化： 把握长吉国家战略机遇，主动承载核心职能，提升定位，建设开放的国际化城市。

区域化： 借助国家板块战略，集区域合力，建设城镇群，成为实施战略的新主体。

绿色化： 发挥自身优势，率先成为带动东北地区转型发展，绿色崛起的领跑者。

Position
定位

长春市坚持绿色发展，集区域合力，实施国家战略，建设中国主导下的东北亚国际合作与发展核心承载区，成为东北亚区域中心城市。

具体为：1. 东北亚自由贸易核心区；2. 东北亚文化与科技创新合作区；3. 世界级先进制造业尖峰区；4. 中国绿色发展示范区。

1. 东北亚自由贸易核心区

以建设国际物流中心为突破口，将长春市打造为集国际物流、商贸服务、金融服务、商务服务及高端特色服务业于一体的东北亚自由贸易核心区，使长春成为中国主导下的东北亚区域经济一体化发展的战略核心区。

2. 东北亚文化与科技创新合作区

以搭建东北亚区域文化交流和科技创新合作网络为载体，将长春打造为东北亚区域文化交流中心、科技创新与成果转化基地，使长春成为东北亚区域最具活力的文化策源地和创智新高地。

3. 世界级先进制造业尖峰区

以建设三大世界级产业基地为抓手，将长春打造为东北亚区域先进制造业尖峰区，确立长春世界级先进制造业基地的地位。

4. 中国绿色发展示范区

以国家推动转型和发展绿色经济为契机，全面开展宜居城市、绿色产业、清洁能源、环境保护、生态城镇等绿色发展实践，将长春打造成引领东北地区转型的科学实践区。

东北亚区域中心城市

东北亚自由贸易核心区	东北亚文化与科技创新合作区	世界级先进制造业尖峰区	中国绿色发展示范区

东北亚自由贸易核心区	东北亚文化与科技创新合作区	世界级先进制造业尖峰区	中国绿色发展示范区
☐ 东北亚国际物流中心	☐ 国际文化交流	☐ 汽车产业	☐ 优质安全生态环境
☐ 国际商务中心	☐ 文化产业	☐ 轨道客车产业	☐ 创新资源能源利用
☐ 国际金融服务中心	☐ 国际教育交流	☐ 农产品加工	☐ 绿色创新产业体系
☐ 国际采购中心	☐ 国家科技创新和成果转化	☐ 战略性新兴产业	☐ 绿色交通和基础设施

绿色发展

Implementing Six Strategies:
Two-way Open, Transboundary Plan as a Whole, Logistics Pilot, Innovation Drives, Strengthening the New, Green Development

实施六大战略：
双向开放、跨界统筹、物流先导、创新驱动、固本强新、绿色发展

双向开放，紧抓长吉图战略机遇，提升城市定位，迈向中国面向东北亚区域合作与发展的核心城市，构筑我国内陆沿边对外开放的新格局。

实施双向开放战略，依托哈大经济走廊、图乌国际合作走廊两条经济发展带，构筑面向国内外两种资源和两个市场的交通网络和合作网络，增强长春市的区域竞争力和辐射力，将长春市建设成为中国撬动东北亚合作与发展的新支点，在新一轮中国城市发展竞争中成为东北地区的领头羊。

跨界统筹，依托中部城市群，实施长吉一体化，联合建设长吉国际合作核心区，成为东北亚区域全面合作的新主体。

以长春、吉林为核心，幅员 28 700 平方千米的长吉区域，打破行政区划分割，创新城际合作，整合优势资源，全力推进实施长吉一体化，建设长吉联合都市区，成为中国主导下的东北亚国际合作核心区。

物流先导，以东北亚国际物流中心建设为突破点，推进国际商贸服务、商务服务、金融服务的联动发展，建设东北亚自由贸易核心区的新平台。

长春市地处我国东北中心位置，是中蒙大通道和哈大交通轴带的交叉枢纽，对内辐射东北和内蒙古自治区，对外辐射日朝韩蒙俄。依托区位优势借助朝鲜罗津港的开通，促进东北亚物流产业对接与资源整合，构建东西贯通、南北纵横、双向辐射、布局合理、衔接顺畅、高效一体、多式联运的东北亚国际物流运输网络；加速推进长春市作为东北亚国际物流中心的建设，以增强长春对人流、资金流、信息流的汇聚能力；推进贸易服务、商务服务等国际合作的联动发展，搭建出东北亚区域合作发展的新平台，促进长春参与东北亚区域各个领域的国际合作与发展，引爆区域新的经济增长点。

双向开放行动计划

跨界统筹行动计划

物流先导行动计划

创新驱动，不断拓宽东北亚各国文化交流与科技合作的深度和广度，构建开放与包容的东北亚合作与发展新网络，形成东北亚文化与科技创新合作区。

创新支撑的"制造力"是新一轮国家和区域竞争优势的重要体现。长春具备较强的科研实力，紧紧围绕主导产业、优势产业与特色产业，立足于创新载体平台和中介服务体系建设，积极拓展创新融资渠道，有序推进产学研联盟发展，实现创新链上下游融合，建成东北亚高级化高级技术人才教育培训高地；构建开放的、联系更加紧密、沟通更加顺畅的科技创新合作网络，促进培育区域创新与转化集群，形成功能集成、结构完善的区域"创新＋产业化"体系，建成东北亚重要的科技创新与成果转化基地。

固本强新，做大做强城市硬实力，加快提升优势产业能级，培育战略性新兴产业集群，构筑国家战略性新兴产业集聚高地。

以提升城市能级为主要目标，强化自主创新，延伸提升汽车、轨道客车、农产品加工等产业的产业链条，促进制造业升级，打造世界级产业基地。以推动产业规模化、高端化、国际化为目标，培育战略性新兴产业集群，构筑国家战略性新兴产业集聚高地。

绿色发展，强调环境资源就是竞争力，保护并构建优质的生态格局，使用科学的资源利用模式，实践中国工业城市转型的新途径，支撑城市的全面提升和绿色崛起，使长春成为中国绿色发展示范区。

发展绿色经济是未来世界经济发展转型的必然方向，走绿色发展之路是长春市转型发展的战略选择。将长春市得天独厚的环境资源优势转化为未来经济发展最大的竞争优势和核心竞争力，创新绿色发展模式，丰富绿色发展内涵，在新一轮区域竞争中抢占战略制高点，建设中国绿色发展示范区，实现绿色崛起。

创新驱动行动计划

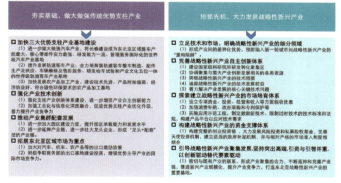

固本强新行动计划

绿色发展行动计划

The Spatial Structure of Changchun Urban Area
长春市都市区空间结构

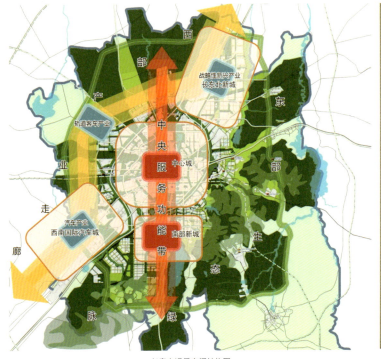

长春市远景空间结构图

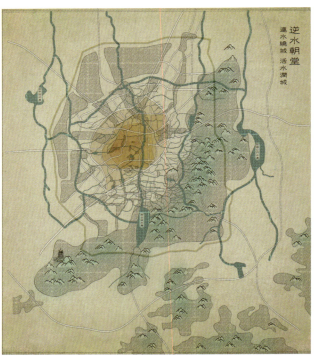

龙山东望，伊水中流，福聚龙兴之地。
书山喜州，车城影都，画里百年长街。

战略规划在经过对大区域功能结构、产业布局、环境资源、交通运输等综合研究的基础上，按照建设东北亚区域中心城市的战略定位，确定"西产业、东生态、中服务"的总体功能布局，塑造"带型＋指状＋星座"的空间形态，构建"一廊、一脉、一带、四城"的空间结构，远期城市规模可承载 1 400 万人口，建设用地 1 200～1 600 平方千米。

一廊："西部产业走廊"。沿城市西部的复合货运通道构建"三主、两副、五楔、多通道"的空间格局，打造长西南汽车产业集群、长西北轨道客车产业集群、长东北国际合作及战略性新兴产业集群、长东北物流贸易加工产业集群、长东北生物化工产业集群，壮大汽车、轨道客车、战略性新兴产业三大世界级产业基地，并构建现代物流体系，联合打造东北亚先进制造业尖峰区和东北亚国际物流中心。

一脉："东部生态绿脉"。由生态园区、功能组团、绿色服务设施三大功能组成，即沿城市东部的大黑山脉，依托卡伦湖、莲花山、净月国家森林公园、新立城水库、景台森林公园等优质生态区，

打造长春东部高端服务和生态休闲产业集群、长东南文化产业集群，集中发展具备国际影响力的高端服务业，文化创意、生态休闲等绿色产业，形成特色化、多功能的复合生态功能带，推动东北亚区域国际政治、经贸合作事务中心以及文化交流中心、科技创新合作中心建设，同时也是中国绿色发展的示范区。

一带："中央服务功能带"。功能分区为"三轴、七区、多点"，即沿城市中央的人民大街、伊通河、远达大街复合发展轴，打造长春南部现代服务业集群、长春南部科技创新产业集群，集中发展商务办公、商业金融、科技创新、文化艺术等综合服务功能，推动东北地区高端服务业及消费中心建设。

四城：以保护传统风貌特色和优化提升现代服务职能的中心城；以现代服务业和科技创新产业为建设重点的最具现代城市魅力的南部新城；以建设世界级汽车产业基地为发展重点的西南国际汽车城；以打造战略性新兴产业基地和东北亚国际物流中心为重点的长东北新城。共同形成"一老三新"，各具特色的四城结构。

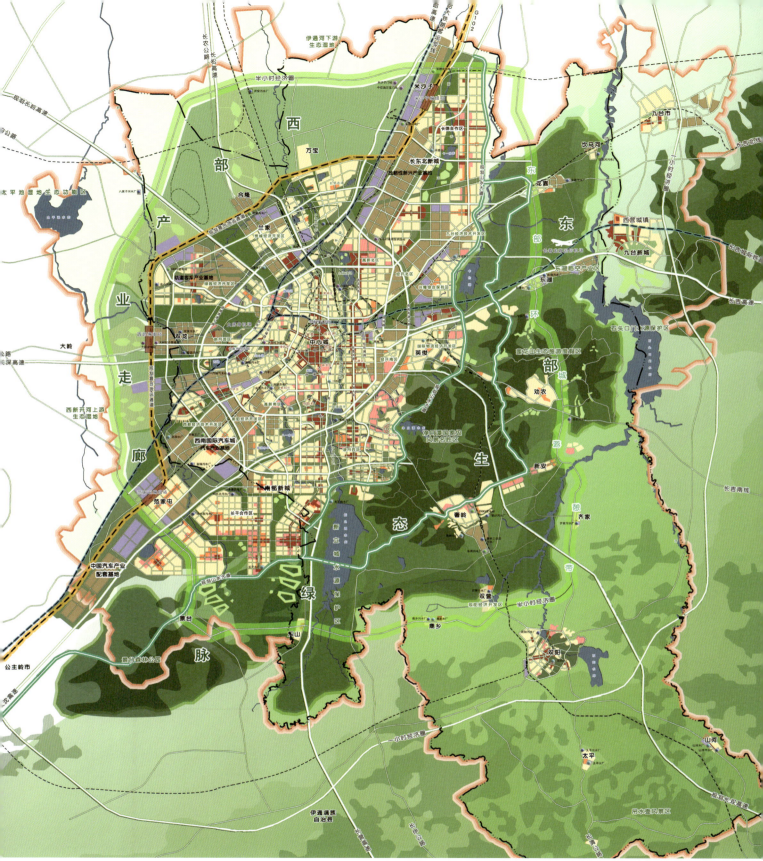

长春市远景规划用地图

Center System
中心体系

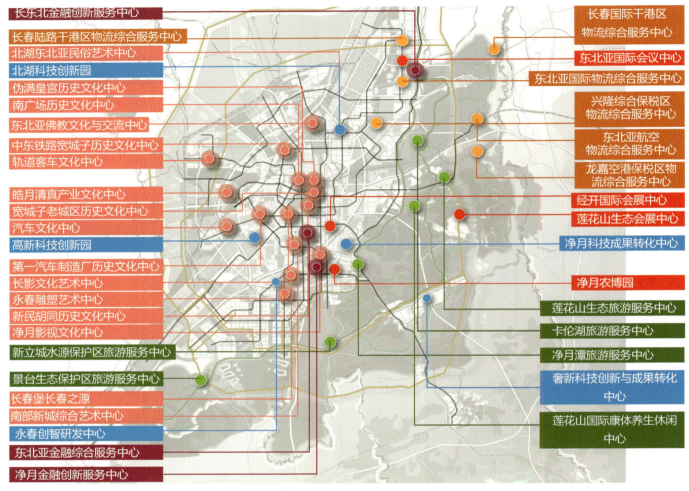

长东北金融创新服务中心

长春陆路干港区物流综合服务中心

北湖东北亚民俗艺术中心

北湖科技创新园

伪满皇宫历史文化中心

南广场历史文化中心

东北亚佛教文化与交流中心

中东铁路宽城子历史文化中心

轨道客车文化中心

皓月清真产业文化中心

宽城子老城区历史文化中心

汽车文化中心

高新科技创新园

第一汽车制造厂历史文化中心

长影文化艺术中心

永春雕塑艺术中心

新民胡同历史文化中心

净月影视文化中心

新立城水源保护区旅游服务中心

景台生态保护区旅游服务中心

长春堡长春之源

南部新城综合艺术中心

永春创智研发中心

东北亚金融综合服务中心

净月金融创新服务中心

长春国际干港区物流综合服务中心

东北亚国际会议中心

东北亚国际物流综合服务中心

兴隆综合保税区物流综合服务中心

东北亚航空物流综合服务中心

龙嘉空港保税区物流综合服务中心

经开国际会展中心

莲花山生态会展中心

净月科技成果转化中心

净月农博园

莲花山生态旅游服务中心

卡伦湖旅游服务中心

净月潭旅游服务中心

奢新科技创新与成果转化中心

莲花山国际康体养生休闲中心

区域性专业服务中心布局图

为了推进长春市实现东北亚区域中心城市、绿色发展示范城市的战略目标，在"辐射两极化、布局网络化、成长轨道化"的原则指导下，构建"区域—市—分区—片区（镇）—社区（村）"多层级、体系完备的公共服务中心体系。

服务能力突出两极化

按照公共服务中心的服务能力可以将中心体系分为服务于区域层面和服务于城市内部层面的两极化中心。服务于区域层面的公共服务中心以承载东北亚区域职能为目标，通过不断促进产业转型升级，带动城市转型发展，提高城市服务业的区域辐射带动能力，以更加强大的综合性或独具城市特色的专业性服务中心职能推动长春市成为东北亚国际中心城市的战略定位。服务于城市内部层面的分区级以下的公共服务中心的建设，以实现基本公共服务的公平性和均好性为目标，提升基本公共服务的覆盖率，实现城乡范围内基本公共服务的均等化和一体化。

成长趋势体现轨道化

城市内部，轨道交通的换乘中心、站点及其沿线区域串联了各级公共服务中心，依托轨道交通的延展性，形成了城市内部网络化布局的公共服务中心；城市外围，利用以区域公交网络建设为引导的城镇核心空间建设模式，通过城际轨道、客运铁路为主的区域公交网络的建设，促进外围组团及镇乡的核心功能聚集，引导城镇核心空间的发展，进而实现紧凑型城镇的空间格局。

Industrial Distribution
产业布局

围绕"强化基础、做大物流、突出创新、繁荣文化、密切商务"五个方面，结合长春市产业发展现状，重点发展先进制造业、战略性新兴产业、物流产业、科技创新业、文化产业、商务金融业、旅游休闲业、现代农业、农产品加工业、绿色环保产业等产业类型，构建绿色导向的创新驱动型现代产业体系。

"两轴—五带—十群—多园"的产业格局

在"三化三动"战略的指导下，本着落实城市功能，保障城市产业空间用地的基本思路，依托现有产业基础、优良的自然生态基底，形成"两轴—五带—十群—多园"的产业发展格局，即沿着城市哈大、图乌复合发展轴，形成长东北、长西南、长西北、长南、长东五条产业发展带，建设优势明显、主业突出的十大产业集群，各集群内布置若干个产业园区为支撑，"轴—带—群—园"将有序引导城市产业空间合理布局。

十大产业集群

（1）长西南汽车产业集群
（2）长西北轨道客车产业集群
（3）长东北国际合作及战略性新兴产业集群
（4）长东北物流贸易加工产业集群
（5）长东北生物化工产业集群
（6）长春南部现代服务业集群
（7）长春南部科技创新产业集群
（8）长东南文化产业集群
（9）长春东部高端服务和生态休闲产业集群
（10）德农榆九现代农业产业集群

长春市产业空间布局图

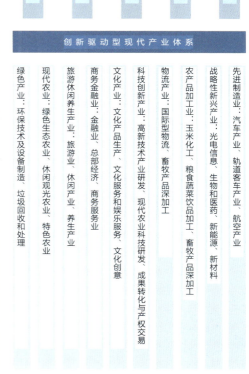

Ecological Green Space
生态绿地

按照"区域保安全、近域保畅通、城区强联络"理念，保护区域生态格局，以风景名胜区、森林、湿地和郊野公园为重点，以近域大型楔形绿地为通道，将外围区域生态系统融入城市当中。优化城市绿地系统结构，在城市内部构建"一轴、三环、线网、多园"的绿地空间体系，优化城市绿地系统结构；实施"楔形廊道"和"大公园"建设战略，保证公共绿地空间与建设用地空间同步增长。

"一轴"是指贯通城市中心区的伊通河生态绿轴；规划建设伊通河生态绿轴，实施以伊通河及其支流水系为载体的城市内部环形水系绿网工程，优化城市内部生态环境，提升城市内部生态空间的整体性和连续性。以城市内部河流水系为骨架，建设城市内部环形水系绿网，通过支流水系绿带和城市道路绿化带建

设，连接城市内主要公园绿地斑块，形成独具特色的城市绿网生态空间体系，为宜居城市建设提供更好的绿地空间环境。

"三环"是指中心区水系绿环、绕城高速绿环和西部市政生态绿廊及东部山水大道构成的城市边界绿环；规划建设三大环形生态绿带，有效隔离不同城市功能区，连通城市各大生态斑块，维护城市绿地系统的连续性。

"多园"是指城市大型公园（5平方千米以上）构成的城市大型公共绿地斑块，包括城市型国际名园和郊野型的主题公园。延续城市绿地布局体系，进一步拓展城市绿地空间。

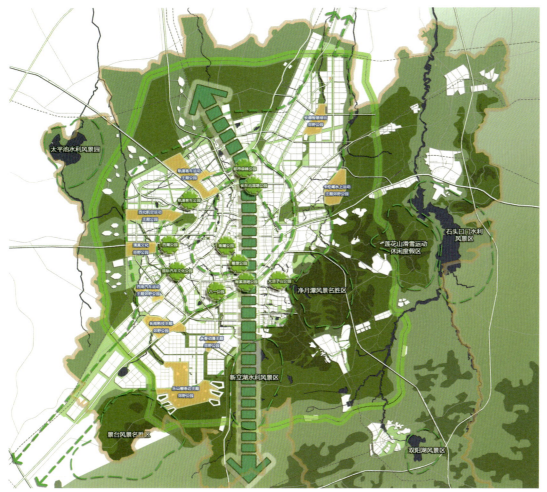

长春市绿地空间体系规划图

Environmental Resources
环境资源

以支撑绿色发展为导向，以提高长春生态环境承载力、增强环境竞争力、扩大环境影响力为目标，构建全要素的、安全的环境与资源支撑'本系，为长春市绿色发展提供核心竞争力，打造质量优、格局好、效率高、基础牢的绿色健康之城。

环境质量优：打造安全优质的水环境，所有水体都要"可渔、可游"；保护大气环境，使都市区每个人都能享受清新宜人的空气。

生态格局好：保护培育高丰富度、多功能、独具特色的森林、湿地生态系统；构建稳定化、多样化的生物多样性平衡体系。

资源效率高：构建安全、高效、绿色、科学的能源供应体系，满足城市资源合理需求，促进城市能源供应稳定化、清洁化；合理配置水资源，建设三生用水比例合理、水资源供应量稳定的水资源支撑体系。

基础保障牢：建设布局合理、供应能力强的全要素基础设施供应体系，确保城市健康、良性运转；优化资源循环利用模式，构建绿色化、生态化的城市污染物处理消纳体系。

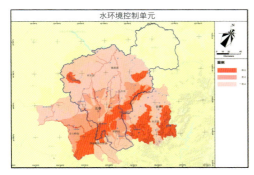

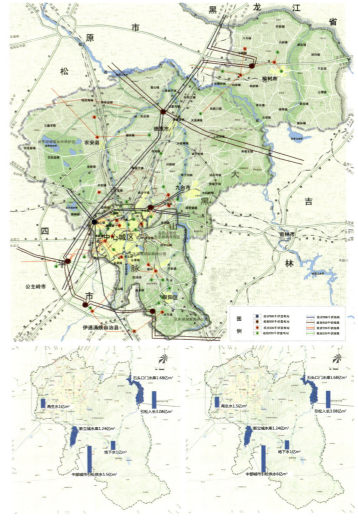

2030年长春市区水资源配置   2050年长春市区水资源配置

Urban Transportation System
城市交通体系

规划建立以城市快速路所构筑的路网主骨架,对外加强与高速公路系统及联合都市区骨干路网的紧密衔接,对内满足城市用地功能要求,与主导交通流向相吻合,通过连接城市主要发展方向和不同用地功能分区,形成对内对外一体化的快速道路交通体系。

规划在主城区范围内,建立"两环八横十纵"的城市快速路系统,同时建设高标准的城市干路系统和高密度的城市支路系统,共同形成布局合理、功能完善的城市道路网体系,提高城市道路体系的综合容纳能力。结合城市产业布局、物流园区分布、高速公路出口以及铁路货运枢纽系统,在城市西部建立货运专用通道体系,加强各产业组团和物流园区之间的联系,满足大规模货物流通需求,保证城市经济、社会快速发展。

规划至远景年,长春市道路网总长度为 7 800 千米,其中快速路 760 千米,主干路 1 350 千米,次干路 1 870 千米。

在主城区内,结合远景用地布局,规划由 14 条线构成的城市快速轨道交通骨干线网,其中 11 条放射线、3 条半环线。规划用放射线沟通中心区与外围的联系,用半环线加强中心区各部分之间的联系。骨干线网总长 709 千米,设换乘站 69 处,核心区线网密度 1.26 千米/千米^2,主城区线网密度 0.5 千米/千米^2。随着城市用地的进一步发展,依托骨干线网,增加支线和弦线,并在适当区域建设现代有轨系统和快速公交系统。

在主城区外,依托高速铁路、城际客运铁路,结合城镇空间体系布局,在主城区和外围主要组团之间、组团和组团之间构筑公共交通通道,形成四通八达、高效便捷的公交网络。突出轨道交通方式的绿色环保优势,在公交通道合理设置城际铁路、城市快轨、低速磁浮、现代有轨、旅游轻轨等多种轨道交通方式,满足重点发展节点和通道的出行需求,以此为骨架,与其他快速公交和常规公交方式共同构筑城乡一体化的绿色公共交通网络,引导和带动城市空间拓展和经济发展。

长春市道路交通系统规划图

长春市客运枢纽布局图

10号线
7号线
5号线
5号线(支)
1号线
12号线
机场线
4号线
9号线
4号线
8号线
12号线(支)
12号线
9号线
2号线 机场线
6号线 2号线
7号线
1号线
3号线
长双线
5号线
4号线
6号线
11号线
8号线
长双线

快速轨道交通
RAIL RAPID TRANSIT

长春市快速轨道交通系统规划图

图 例

○ 车站
⊕ 换乘站
1号线
2号线
3号线
4号线
5号线
6号线
7号线
8号线
9号线
10号线

Corridor · Vein · Belt · Four Cities
一廊 · 一脉 · 一带 · 四城

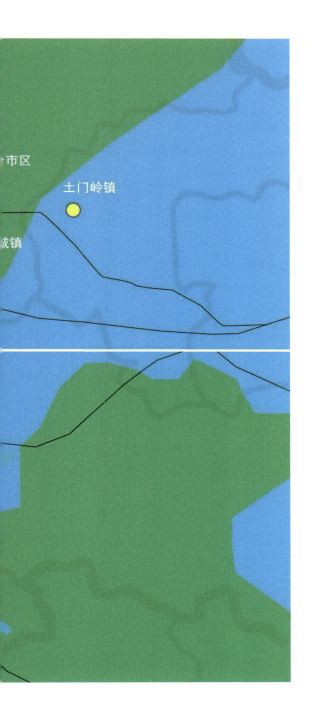

在长春近十年的发展过程中，始终坚持不断实践战略规划所确定的"一廊、一脉、一带、四城"的城市空间结构，以规划为先导，完善提升中心城，建设南部新城，强化国际汽车城，打造长东北新城，推动东部生态绿脉建设，构建西部产业走廊，突出加强"中央服务功能带"的专业职能，并先后编制完成了南部新城核心区规划、永春新区规划、净月西区规划，汽车产业开发区总体及核心区规划，长东北发展建设规划，轨道园规划，莲花山生态旅游度假区规划等相关重点区域规划，这些规划成果不仅贯彻落实了城市战略发展思想，同时也对法定规划形成了有效的补充，成为贯彻实施城市总体规划的重要手段，为城市发展提供了科学有效的保障。

Corridor
一廊

西部产业走廊

具有世界影响力的产业走廊

沿城市西部的复合货运通道，打造世界级汽车产业基地、世界级轨道客车产业基地、世界级农产品加工基地、世界级战略性新兴产业基地和东北亚国际物流中心。

通过轨道交通装备产业园、皓月清真产业园、长江路开发区等

产业新区，与城市绿地系统和交通系统的共同建设，使西部产业走廊将形成"三主、两副、五楔、多通道"的空间结构。

西部产业走廊内部由六大主要功能构成，分别为强大的生产制造、先进的科技研发、宜人的生活居住、完善的公共配套、多元的文化交流及宜游的生态休闲功能。

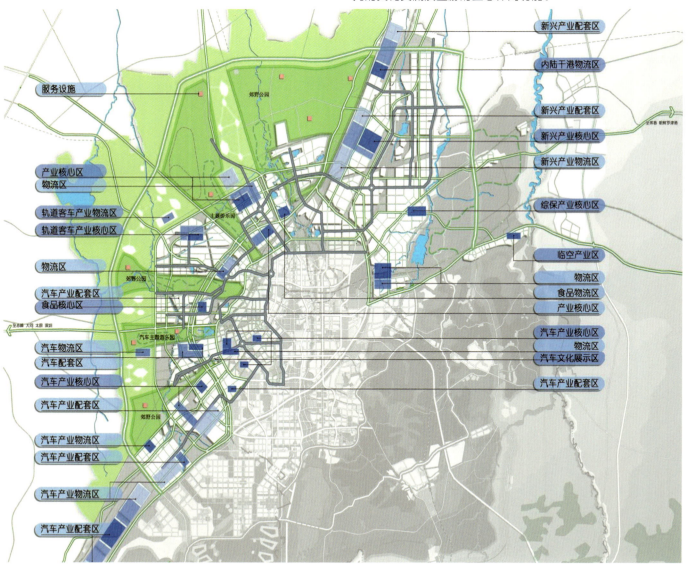

Concept Design for Ecological Satellite Town of Green-Park District of Changchun
长春市绿园区合心生态卫星城镇概念性城市设计

编制单位：上海复旦规划建筑设计研究院、上海法奥建筑设计有限公司
编制时间：2011年

绿园区合心镇是长春市西部产业走廊的重要组成部分。2007年，在长春绿园经济开发区（合心镇辖区）内，长春轨道交通装备产业园区揭牌，长春第三个"千亿级"产业雏形初现，合心镇的规划建设成为长春发展的重头戏。为保障轨道园建设的顺利进行，长春市规划局多次进行相关规划的编制和研究工作，2011年，为了进一步提高规划的科学性和前瞻性，长春市规划局提出通过招投标确定合心生态卫星城镇规划方案，同年，绿园区政府组织了合心生态卫星城镇概念性城市设计国际咨询。

项目位于长春市绿园区合心镇内，绕城公路以西、迎春大路以北、甲五路以东、长客路以南、长白公路的两侧区域，总用地面积约9平方千米。

上海复旦规划建筑设计研究院方案一

规划构建"一心四镇"，即围绕合心镇三间水库形成公共服务核心，周边布置四片特色风情居住镇区。形成"一心引领，向心递进；四镇互映，协同发展；水脉贯通，双轴延展"的空间形态。

规划以"绿色宜居、轨道交通、文化交融"三个关键词为核心，构建一个可以绵长呼吸、尽情享受的怡心乐居之所；挖掘彰显轨道交通这项支柱产业的特色；将城市文化、产业文化与人本文化多元叠加，形成具有地域特色的长春国际轨道交通文化名镇。

规划总平面图

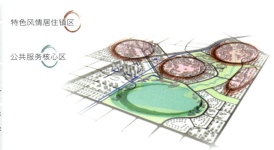

特色风情居住镇区

公共服务核心区

上海复旦规划建筑设计研究院方案二

方案提出四大规划理念，即"轨道展示、复合发展、生态城市、核心引领"，该方案致力于构建一个以轨交产业为带动、以轨交文化为核心的综合性卫星城镇，方案设计中强调了轨道技术在未来城镇生活中的不同应用，并通过不同轨交系统将城市未来功能巧妙叠合起来，形成未来镇区多元生活的样本。规划结构为"两轴、四片区"，以一实一虚两条主轴线，连接四大版块，其中四大版块分别为主题公园版块、商务商业版块、镇区生活版块和核心延伸版块，以此分别设置会展、商业娱乐、公园居住、配套居住、市镇居住及产居混合片区，同时规划区结构与合心镇整体通过功能安置、轴线的延续形成高度的契合。

①综合轨交枢纽　⑯轨交体验中心
②商业服务中心　⑰滨水市民广场
③工业配套居住　自然滨水岸线
④规划工业用地　⑱湖心岛
⑤社区服务中心　⑲滨水摩天轮
⑥九年一贯学校　生态游憩中心
⑦核心商业区　　⑳轨交博物馆
⑧地标建筑　　　㉒生态疗养中心
⑨中心轨交枢纽　㉓区域服务中心
⑩城市会议中心　㉔滨水商住街
⑪城市会展中心　㉕生态居住区
⑫运动公园　　　㉖东湖
⑬城市自然公园　㉗城市居住区
⑭商业回廊　　　㉘城市行政中心
⑮区域医院

规划总平面图

上海法奥建筑设计有限公司方案（推荐方案）

规划打造以生态型企业、高等级企业商务人群、区域居住人群、休闲旅游人群为主要服务对象，以生态为特色，生产性服务业和消费性服务业为重点的城市综合功能区。并注入"生态，文化，休闲"三大理念，打造成集低碳绿色、旅游服务、文化娱乐、运动休闲、生态宜居、特色商业为一体的多功能生态卫星城。

通过"人与轨道、人与自然、人与传统、自然与轨道、文化与生活"五个融合，塑造和强化镇区空间特色，依托地区轨道产业优势，彰显基地轨道交通文化特色。规划形成"一心三轴"的空间结构，即：中心湖面核心、南北生态科技商务轴、东西生态景观轴、城市商务生活轴。

Comprehensive Planning for Rail Transportation Equipment Manufacturing Industrial Park

长春市轨道交通装备制造产业园总体规划

编制单位：长春市城乡规划设计研究院
编制时间：2012年

长春市轨道交通装备制造产业园位于长春市西部，是长春市的轨道交通装备制造产业基地。未来园区将是集生产、生活、服务、行政管理于一体的中心城区外围的生态卫星城镇。

规划采用"轴向发展，组团布局"的思路，构建"一轴、两片、三心、多组团"的空间布局结构。"一轴"是贯穿南北园区集生产、生活、服务、生态多功能于一体的生态科技商务轴；"两片"是指以长白路为分隔的北部产业片区和南部生活片区；"三心"即环三间水库的生态湖区核心、北部以研发商务为主的生产中心、东北部以生活服务为主的居住中心；"多组团"是利用现状铁路专用线、输油管线、超高压线路、三间水库水系和长白公路分隔形成的限制块状用地，形成不同功能的生产和生活组团。

城市设计总平面图

规划用地总平面图

Concept Planning for Haoyue Muslim Industrial Park of Changchun

长春市皓月清真产业园区概念规划

编制单位：英国阿特金斯设计公司
编制时间：2011—2012年

长春皓月产业园位于长春市中心城区以西，绿园区西新镇内，面积约为6.8平方千米，是长春市西部产业走廊的重要组成部分。规划对皓月清真产业园版块、站西版块两个最为重要的功能版块进行了重点规划及详细设计。

在"一园一区四基地"的战略发展定位指引下，皓月清真产业园将树立长春新的战略题材，打造长春西部新城重要新组团，培育长春西部新的发展亮点与产业亮点，着力打造"国家现代清真产业化示范基地"。未来皓月集团将围绕园区核心发展战略与功能内涵，融汇"产业文明、都市文明、生态文明"，打造一流绿色清真产业基地，关注清真食品、清真风貌、清真科技；打造一流标杆型城市综合体，聚焦总部办公、商务会展、研发服务；打造一流新型城市功能片区，形成都市生态、产业服务、尚品生活于一体的新城区。

规划形成"一带、三轴、双心"："一带"指特色生态景观带；"三轴"分别为城市功能发展轴、产业服务发展轴、城市功能联系轴；"双心"为商贸服务中心、生活物流中心。

道路交通规划图

城市设计总平面图

景观结构分析图

重点地段用地规划

Strategic Planning for Changjiang Road Development Zone of Changchun
长春市长江路开发区空间发展战略规划

编制单位：上海法奥建筑与城市规划联合设计有限公司、长春市城乡规划设计研究院
编制时间：2012年

长江路开发区位于长春市宽城区北部，面积约为 77.2 平方千米，是长春市西部产业走廊的重要产业发展空间，是城市空间拓展的有效支撑，是中心城区产业外移的重要空间载体。该区大力建设集商贸、服务、休闲娱乐等多功能为一体的现代商贸服务中心，同时着重发展现代物流、加工制造等配套产业。

规划通过对区域产业布局与结构联络、省域空间体系、城市结构与发展现状、交通条件及生态环境等进行分析，充分解读上位规划，提出了长江路开发区的总体定位为：以打造城市新名片为城市使命，以发扬文化和产业基础为历史使命，以引领产业发展为领袖使命，以构建吉林西北发展轴为空间使命，以打造轨道与物流集聚区为产业使命，将长江路开发区打造成为长春西北部国际轨道城的核心区。

规划充分利用现有产业基础，深度挖掘可利用空间，在延续城市轴线空间肌理的同时，打造全新的城市中心与空间节点，形成“一心、一核、一环、两心、四轴、四区”的结构。“一心”指轨道科技文化公园；“一核”指轨道城智慧谷——国际轨道城主城区；“一环”指生态休闲绿环；“两心”指产业发展服务中心和生活服务中心；“四轴”指凯旋路主发展轴，北亚泰大街延伸线主发展轴，长农公路次发展轴以及镜水河休闲绿轴；“四区”指轨道配套区、物流园区、滨河居住区以及商贸区。

Vein
一脉
东部生态绿脉

中国北方地区最优美的近郊复合生态功能带

沿城市东部的大黑山脉，依托卡伦湖、莲花山、净月潭国家森林公园、新立城水库、景台森林公园等优质生态区，集中发展高端服务、文化创意、生态休闲等绿色产业，形成特色化、多功能的复合生态功能带，推动东北亚区域国际政治、经贸合作事务中心以及文化交流中心、科技创新合作中心建设，同时也是中国绿色发展的示范区。

东部生态绿脉由生态园区、功能组团、绿色服务设施三大类功能组成。生态园区指依托东部的生态资源和风景名胜区，建设的风景名胜区、郊野公园、采摘体验农场、森林公园、特色果园等。功能组团指在绿色生态园区之间，突出低碳生态特色，建设乐山、奢岭、新安、劝农、东湖、龙嘉等功能组团，承担面向东北亚区域合作与交流高端服务、文化创意、生态休闲等职能。绿色服务设施指在生态园区之中、功能组团之外，点状建设规模适度、与自然融合的生态型服务设施，包括滑雪场、赛马场、游乐场、艺术家村、温泉养生中心、会议中心、五星级宾馆等。

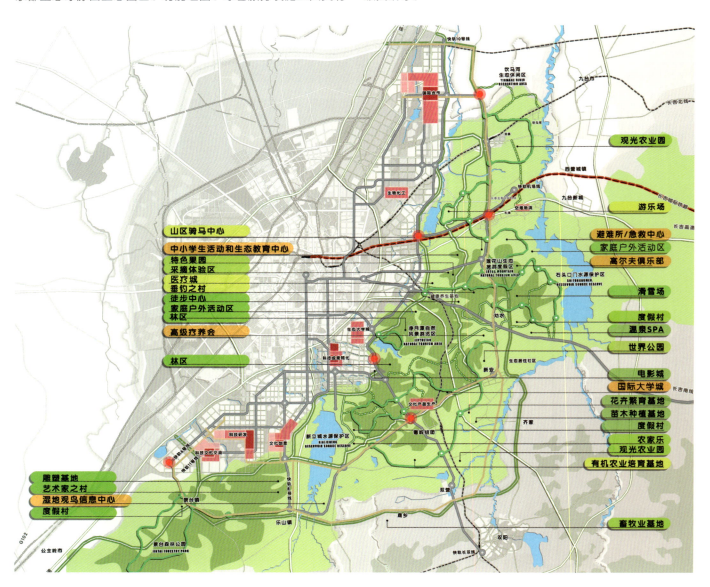

Development Planning for Dongsi Urban and Rural Integration
长春市二道区东四乡城乡一体化发展规划

编制单位：长春市城乡规划设计研究院
编制时间：2005年

二道区东四乡（三道镇、泉眼镇、劝农山镇、四家乡）是长春市莲花山生态旅游度假区的前身，也是长春市东部生态绿脉的重要组成部分。2005年，为统筹城乡发展，促进城乡一体化，二道区政府组织编制了《二道区东四乡城乡一体化发展规划》。

规划通过以城带乡、以乡促城、优势互补、共同发展，大力提高城镇化水平，坚持生态环境共同保护、产业相互融合、空间相互共享，以休闲观光旅游业、科教产业和都市农业区为龙头，把四乡镇建设成生态环境良好、社会经济繁荣、科学文化发达、人民生活富裕的长春市东部城市旅游生态卫星组团与卫星居住城镇。

规划确定乡镇建设空间形成"一区、两团、一镇、多中心村"的布局结构。

"一区"指近期将三道镇建设成为二道区东部新区，远期作为长春市东部新城区；"两团"指泉眼城市组团和劝农乡镇组团，规划泉眼为城市卫星居住组团，劝农山为本区域重点集镇；"一镇"指四家乡集镇，由于地处在水源保护区范围内，因此镇域村屯全部迁出，并严格控制镇区发展规模；"多中心村"指为加快城镇化、城乡一体化发展的进程以及节约用地原则，除了保留几个较大的中心外，其他村屯逐渐取消。

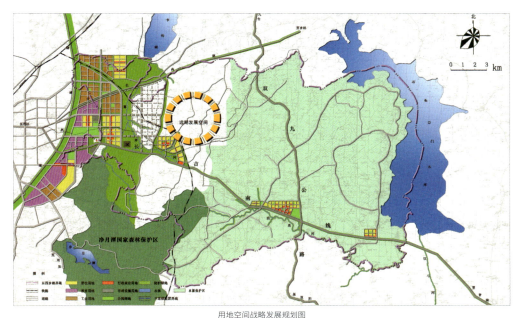

用地空间战略发展规划图

城镇体系空间结构规划图

道路交通系统规划图

Tourism Development Comprehensive Planning for Lianhua Mountain Ecological Tourism Resort

长春市莲花山生态旅游度假区旅游发展总体规划

编制单位：长春市城乡规划设计研究院
编制时间：2008年

2007年4月，吉林省政府批准成立了"长春莲花山生态旅游度假区"，希望通过此举能够统筹长春市东部优质的生态资源，发展旅游度假经济，使其成为长春市发展新的增长极。

2008年，《长春莲花山生态旅游度假区旅游发展总体规划》编制完成，规划将莲花山生态旅游度假区定位为以冰雪运动、温泉疗养、休闲度假、时尚娱乐、四季和谐为特色引领的生态型、全景式国际旅游目的地。

规划形成"三区域、五园区、十八景观"的空间结构："三区域"为东部莲花山山水风光旅游区域、西部新立山脉网络旅游区域、西南部劝农河田园风光旅游区域；"五园区"指莲花山山水旅游园区、生态农业旅游园区、新立山脉网络旅游园区、劝农山镇区、劝农河田园风光旅游园区等；"十八景观"指绿色长城、九朵莲花、烟波荡漾、石碑劝农、乐不思蜀、挑战自我、古风逸情、浪漫温泉、五扇门户、长白萨满、山脊蜿蜒、自然讲堂、贵族运动、花境纵横、百年古榆、森林氧吧、特色建筑、邻水多景。

旅游产品包括森林生态旅游、冰雪旅游、温泉度假旅游、历史文化与民俗风情旅游、乡村体验旅游、特色娱乐主题公园等。

道路交通结构分析图

发展布局图

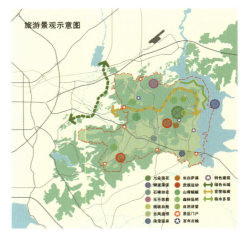

旅游景观示意图

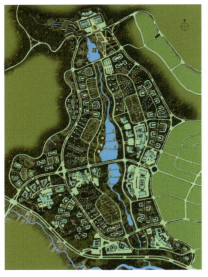

莲花山水文化风情小镇

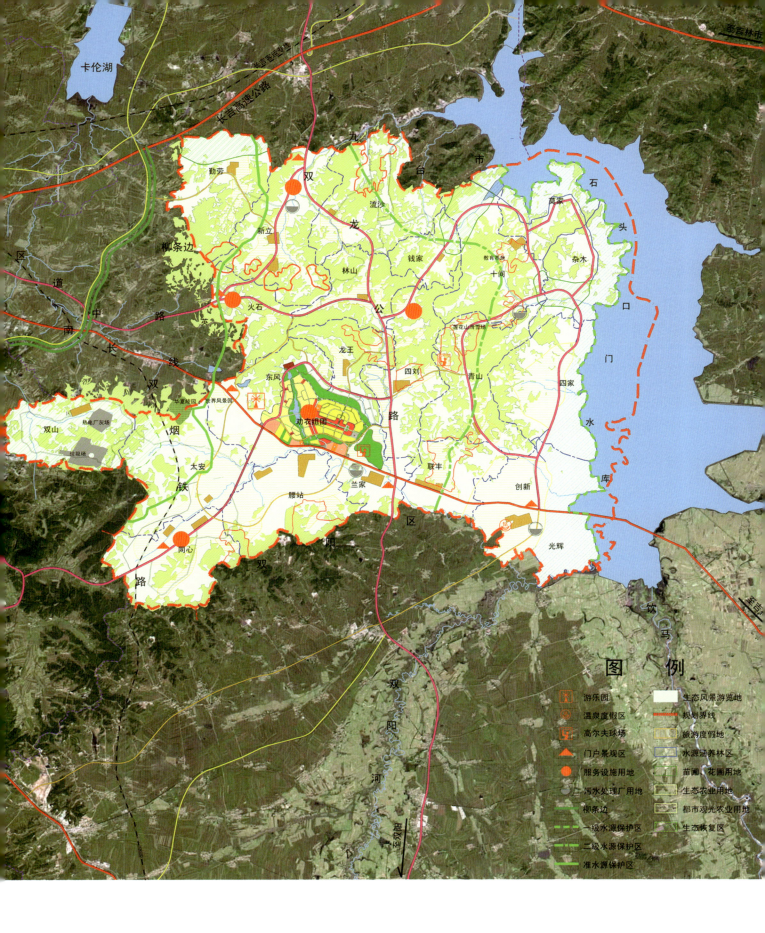

图 例

游乐园		生态风景游览地	
温泉度假区		规划界线	
高尔夫球场		旅游度假地	
门户景观区		水源涵养林区	
服务设施用地		苗圃、花圃用地	
污水处理厂用地		生态农业用地	
柳条边		都市观光农业用地	
一级水源保护区		生态恢复区	
二级水源保护区			
准水源保护区			

Comprehensive Planning for the Ecologic Resort of Lianhua Mountain
长春市莲花山生态旅游度假区总体规划

编制单位：北京五合国际建筑设计集团、长春市城乡规划设计研究院
编制时间：2010—2011年

落实国家振兴东北战略，长春市于2007年成立长吉图开放带动先导区，并将莲花山纳入范围之内，为了更好地谋划区域的全面发展，在原有多项规划成果的基础上，莲花山管委会启动了《莲花山生态旅游度假区总体规划》。

规划拟将莲花山区打造成东北亚地区以休闲旅游和现代都市服务产业为核心的综合性、国际化生态新区；科学发展、社会和谐、生态文明的示范区；资源节约型、环境友好型社会的示范区；创新城市发展模式的示范区。并构筑以产业空间布局为核心，城镇空间布局为主体，生态和交通体系为支撑，具有高度适应性的空间体系。

规划至2020年，总人口规模为37万人，规划控制区范围内的建设用地控制在50平方千米左右。

规划形成"一环分两区，两线串多点"的空间结构：

一环：绿色生态环，在保护现有山体和林地的基础上，构建完善的生态廊道体系，修复大黑山脉的生态脉络。

两区：现代都市服务区——集商贸服务、总部经济、创意产业、生态居住、区级行政办公等为一体的高端现代服务集聚区。国际休闲度假区——集商贸购物、休闲游憩、生态居住、旅游服务为一体的国际化休闲度假区。

两线：将泉眼大街—净莲大街、莲花山大路—雪场西街打造成贯穿全区的自然生态走廊，使之能够远看山、近观水、乡野互融、交通顺畅。

多点：指分散布局在区域生态基质内的国际会议区、温泉养生区、休闲运动区、国际休闲区、生态居住区等多个综合旅游功能区。

空间结构分析图

旅游功能分区规划图

综合交通规划图

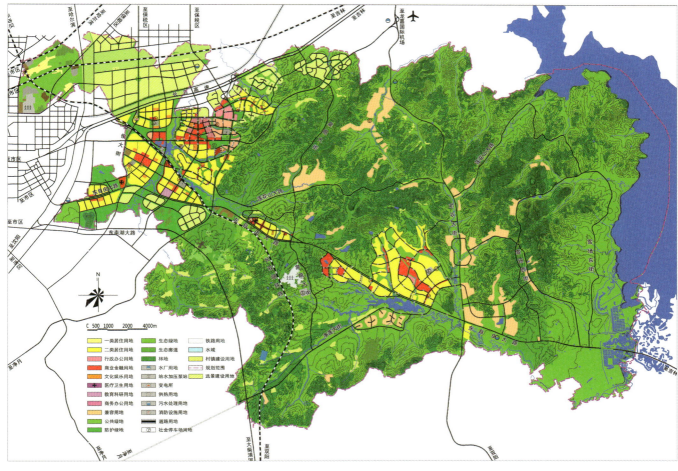

土地利用规划图

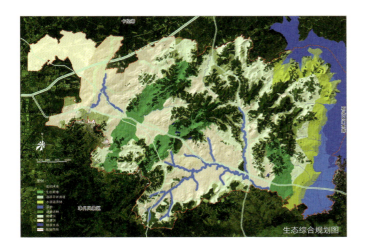

生态综合规划图

空间管制规划图

Modern Urban Service Area, International Central Recreational Area, International Business Meeting Area Design for Lianhua Mountain of Changchun

长春市莲花山生态旅游度假区现代都市服务区、国际中央休闲区、国际商务会议区城市设计

编制单位：哈尔滨工业大学深圳研究生院城市与景观设计研究中心
编制时间：2011—2012年

2011年，为了推进莲花山总体规划确定的现代都市服务区、国际中央休闲区、国际商务会议区的建设，完善城市功能，提升区域美誉度和旅游影响力，打造山水休闲旅游景观，实现东北田园小镇理想，区管委会组织了上述区域的城市设计工作。

设计充分结合莲花山的自然资源、山脊山谷以及水流方向、水流流域、湿地范围和流经地段等具体客观自然因素，并根据已有建成区里的路网，确定三级廊道的具体位置与实际宽度。通过规划结构衍生、规划对策、活力触媒、蓝绿交融开放空间体系、长春肌理分析、莲花山地块尺度分析、街路分离式交通模式、绿色公交体系、村落中心式宜居模式、东北民居的院落式空间模式等的研究与构思，构建一种"水育林城"非城市模式。

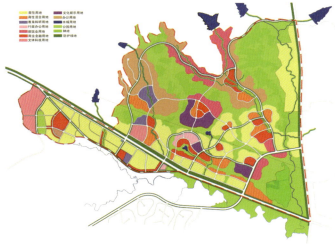

国际中央休闲区规划方案

国际会议区规划方案

国际中央休闲区中心广场效果图

国际中央休闲区鸟瞰效果图

图例
A 管委会
B 小学
C 文化村
D 戏宫
E 人工湖
F 娱乐城
G 工作坊
H 公交枢纽站
I 体育公园
J 教育基地
K 热电厂
L 滨水休闲带
M 影剧院
N 影视基地
O 滨水餐饮街
P 中学
Q 九年一贯制学校
R 医院
S 步行街
T 村落中心
□ 放大节点

N

比例尺 0 25 50 100   200   300m

规划平面图

现代服务核总平面图

现代服务核鸟瞰效果图

Tourism Project Zones' Urban Design for Ecological Resort Area of Lianhua Mountain

长春市莲花山生态旅游度假区旅游项目区城市设计

编制单位：长春市城乡规划设计研究院、长春流沙河鹿鸣谷旅游开发有限公司、上海世茂集团、亚泰集团
编制时间：2011—2012年

为引导莲花山生态旅游度假区内各类旅游项目建设，提升区域旅游品质，引导区域建设，特编制主要旅游项目区的城市设计。

鹿鸣谷：充分注意与自然生态环境的有机结合，在不破坏现状生态的前提下进行适度开发，打造集森林生态保护和建设、休闲运动、生态居住和旅游度假为一体的旅游综合服务区，是莲花山区域重点旅游基地之一。

国际中央休闲区：打造国家级休闲体育、竞技体育培训基地，建设东北亚地区闻名的国家级山地休闲度假胜地，营造高品质的城市休闲生活，让莲花山成为长吉图休闲产业的焦点，东北老工业基地振兴的典范实践区和区域社会发展的品质目标示范。

温泉度假区：以区域山水景观为背景，以温泉开发为依托，汇集大型温泉游乐中心、温泉商务会议酒店、企业会所、高端休闲运动中心、休闲商业中心、生态农业示范基地等项目，配套建设为温泉疗养服务的景观小镇，打造集餐饮、游玩、娱乐、养生等为一体的温泉旅游区。

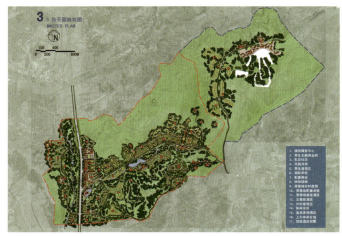

国际中央休闲区总平面规划图

鹿鸣谷滑雪小镇鸟瞰示意图

国际中央休闲区鸟瞰效果图

鹿鸣谷初步概念规划总图

温泉度假区规划方案

温泉度假区草图方案

Sightseeing Agriculture Planning for Ecological Resort Area of Lianhua Mountain
长春市莲花山生态旅游度假区休闲观光农业规划

编制单位：中国农业科学院农业经济与发展研究所、 长春市城乡规划设计研究院
编制时间：2011—2012年

为进一步丰富莲花山生态旅游度假区内的旅游资源，促进农业生态化、景观化、产业化发展，规划明确莲花山未来应积极发展休闲观光农业，形成相对完善的休闲观光农业产业链；以休闲旅游业发展为导向，明确区域农业发展的总体思路和空间架构。

规划构建了"一区、两廊、四大区域、八大功能区"的空间结构：

"一区"指莲花山国家现代农业示范区；"两廊"指东西走向的莲花山大路，南北走向的劝农大街；"四大区域"指湿地保护区、生态农业区、基本发展区、城镇建设区；"八大功能区"指休闲观光区、设施蔬菜区、花卉苗木区、粮食种植区、特色林果区、农产品加工区、物流配送区和管理服务区。

同时严格遵守国家关于生态环境保护政策体系文件要求，制定严格的退耕还林、水源保护地及基本农田等保护制度及采取合理的河流治理措施，以各旅游游览区、景点的生态环境保护为重心，兼顾镇区和服务区环境的建设，推动"生态长春"及"园林长春"的建设。

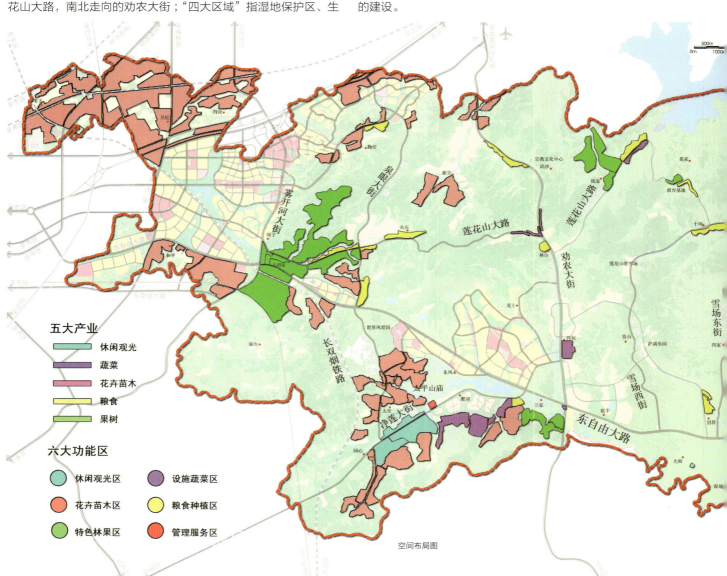

空间布局图

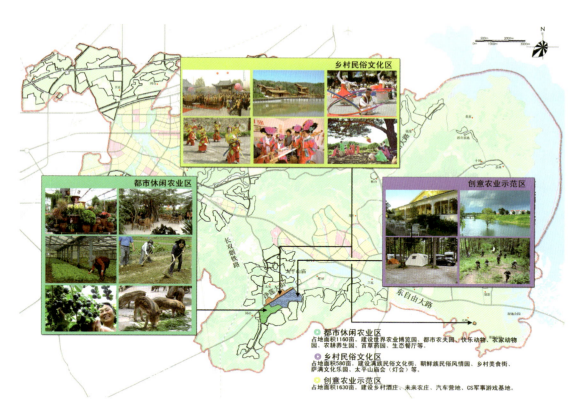

都市休闲农业区
占地面积1160亩，建设世界农业博览园、都市农天园、快乐动物、农家动物园、农耕养生园、百草药园、生态餐厅等。

乡村民俗文化区
占地面积580亩，建设满族民俗文化街、朝鲜族民俗风情园、乡村美食街、萨满文化乐园、太平山庙会（灯会）等。

创意农业示范区
占地面积1630亩，建设乡村酒庄、未来农庄、汽车营地、CS军事游戏基地。

休闲观光示意图

1. 牡丹园：占地面积1000亩。
2. 花卉生产区：总面积300亩。
3. 花海走廊：总面积 500亩。
4. 芳草园观光区：占地面积800亩。
5. 食用花卉展示体验园：占地面积100亩。
6. 耐寒苗木科研基地：1000亩，其中科研基地200亩。
7. 花卉超市：占地面积15亩，停车场10亩。

花卉苗木区示意图

Environmental Renovation Planning for Lianhua Mountain Village
长春市莲花山村落环境整治规划

编制单位：天津大学城市规划设计研究院、长春市城乡规划设计研究院
编制时间：2012年

为了维护乡村和都市景观的二元性，规划对现有景观资源与乡村田园系统进行保护、整理与挖掘，避免城市化进程中的"同质化"。针对莲花山地区生态旅游度假区村庄建设规划提出的新思路，在莲花山地区挖掘具体可以彰显、体现并延续东北特定乡土气息的村落空间构成，并探索具有地域特色的地景景观塑造的策略与方法。

本次整治计划关心的要点是体现原生态特质的景观资源保护与整理，除必要的景观、旅游服务设施与构筑物外，不需要刻意而为的新规划、人工化景点与景区。规划承认山林乡村的"杂乱"，体现"原乡"真实性原则，在不打扰原乡生活的前提下，引入一种新的、有活力的、健康的生活与旅游方式，一种原住民与外来人新的交往，同时引入现代人生活的便利性、参与性和趣味性。重点整理穿村而过的溪流，体现人与水的关系，有意识地引导人与水的互动。

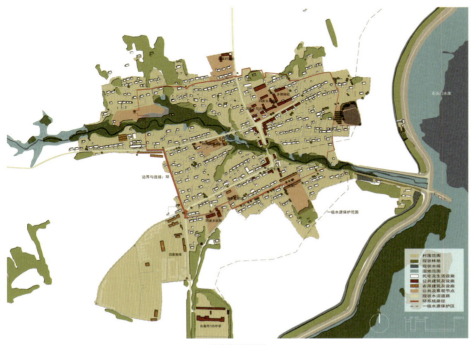

村落发展现状图

村落总体布局图

Landscape Design for Bailu Square, Changqing Road, Shuangyang District
长春市双阳区长清公路白鹿广场景观设计

设计单位：天津大学城市规划设计研究院
设计时间：2010年

景观视廊分析图

长清公路位于长春市东南部，是连接长春市中心城区与长吉图优先发展重要区域—双阳中心城区的重要城市综合性景观干道，全长25公里。长清公路两侧依次串联密布的湿地、水景、山林、农田等生态斑块，自然环境良好，景观价值优越。

为了使长清公路更好地展现其独特的景观魅力，强化长春市双阳区为"鹿乡"这一特色产业文化，规划在长清公路重要的交通节点处建设"白鹿广场"，使其成为公路沿线的标志性景观，打造长清公路沿线的门户型景观节点和特色人文地景。

白鹿广场景观设计以白鹿为主题的雕塑为核心，结合道路两侧的地形高差变化，运用硬质铺装、灌木隔离、乔木营造、开花植物点缀等建造既开放又相对封闭的空间，利用休憩平台和观景平台以及两者之间的联系通道，营造出移步换景的效果。通过通透的视廊、宽广的视域与视线的引导为路人提供欣赏风景的路径与场所。

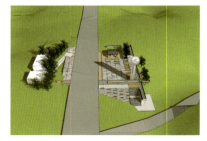

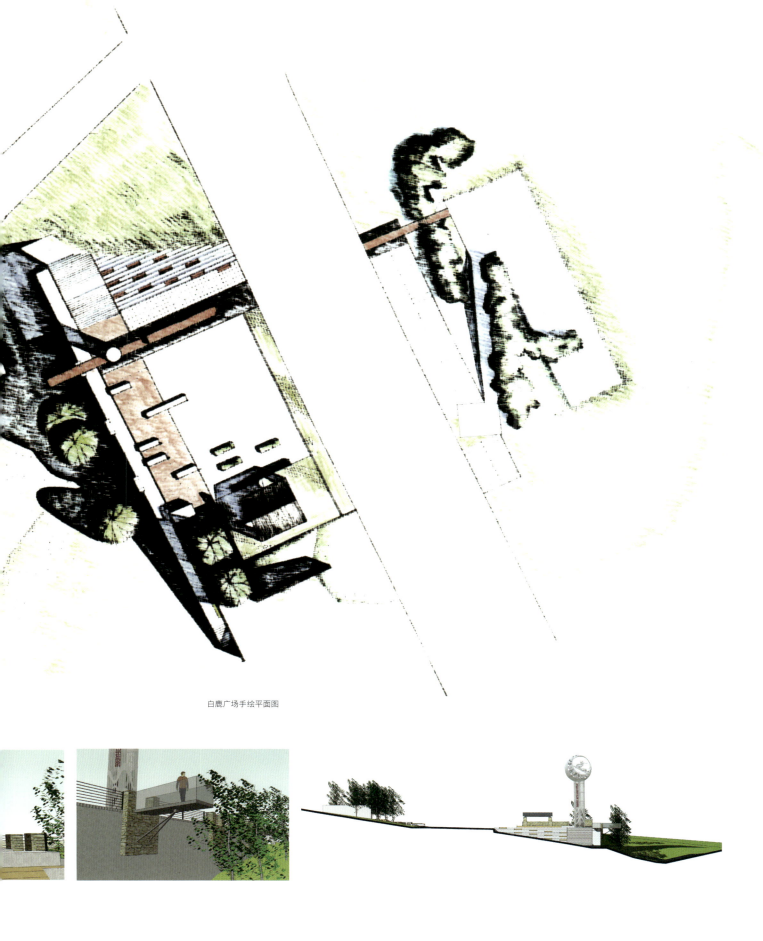

白鹿广场手绘平面图

Urban Design for Sheling New City, Shuangyang District of Changchun City
长春市双阳区奢岭新城城市设计

设计单位：天津大学城市规划设计研究院
设计时间：2010年

奢岭镇位于长春市东部大黑山脉中段，紧邻净月国家森林公园南缘，是长春市东部生态绿脉中的重要城市组团，是双阳区承接中心城区职能，优先发展的重点区域。奢岭新城占地面积约为216公顷，西接长清公路，北靠公园山，南临奢岭河，交通及景观条件优越。为了更好地谋划和引导奢岭新城的建设，在进行多次规划研究的基础上，编制了《奢岭新城城市设计》。

为营造出一个可于溪林间悠然漫步的康居、休闲社区，本方案坚持设计结合自然的"生态优先"设计原则，通过公共绿化廊道连通基地北侧的公园山与南侧的奢岭河，同时延续大黑山脉的核心生境，共同形成生态网络；秉承市场引导开发的"成长经营"规划理念，通过不同地块与居住产品的开发时序，降低前期投入的成本，缩小对环境和交通的影响，同时提升新城活力；采用强化心智印象的"品牌定位"营销策略，突出奢岭新城独具魅力的山水特质，强化奢岭为长春市上风上水生态腹地的特定区位；以期营造出一个高品质、高效率的"慢节奏"典范城市社区。

城市设计总平面图

0 50 100   200

Urban Design for the Swan Lake of Shuangyang District in Changchun
长春市双阳区天鹅湖城市设计

设计单位： 天津大学城市规划设计研究院
设计时间： 2010年

天鹅湖位于长春市东南翼城市重要节点双阳经济开发区北部，紧邻国家级天然梅花鹿养殖基地——鹿乡镇，设计区域为709公顷。基地周边密布湿地、林地、水系等自然空间，环境资源优越。

新世纪，长春市作为区域中心城市。为更好地满足中心城市的各项服务需求，长春中心区周边地区的传统农业亟需向新型"都市农业"转变。为此，如何更好地发挥长春中心区周边地区农业的自然生态价值与社会经济文化价值，实现现代城市土地资源效益的最大化，成为当代大长春地区城市化研究的一个重要课题。

为此，本项目以兼具养殖、怡情、研发价值与地景观光价值的天然鹿场作为项目的切入点，充分发挥梅花鹿、净月南湖的文化溢价效应，将基地独具魅力的景观风格与新兴产业——养生、康疗、会展、全球绿色健康产业高端论坛有机结合，规划建设成为始终以服务大长春地区的公共利益为基本核心的"宜居兴业"的典范社区。

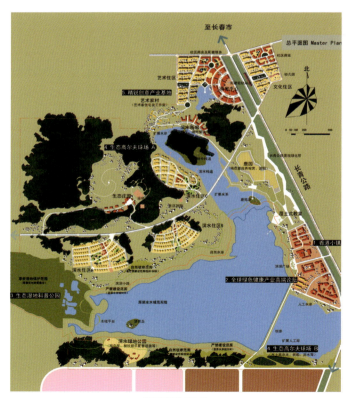

总平面概念设计图

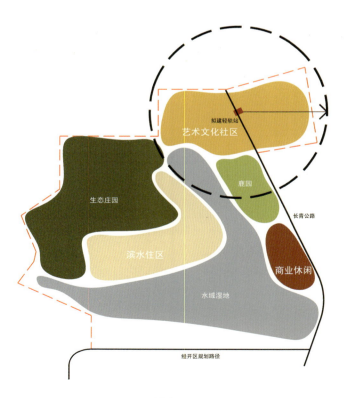

功能布局图

Comprehensive Planning for Scenic Belt of Yitong River Area of Changchun City
长春市伊通河城区段风光带总体规划

编制单位：中国城市规划设计研究院
编制时间：2004年

伊通河是长春市的母亲河，长春城市沿河而展，伴河而荣，伊通河滨水资源成为长春建设绿色宜居城市最大的生态资源，成为建设幸福长春最具魅力的环境资源。随着城市规模的扩大，伊通河的功能也在不断发生着变化，我们对伊通河的认识也在不断地深化。十年来，长春城市规划一直致力于研究保护城市母亲河——伊通河，关注这条自然生态廊道给城市带来的环境效应，不断延续拓展对伊通河综合利用的理念和方式，以期在保护河流和利用合理的探索中寻找更为科学、合理的路径、方法，不断演绎人与自然、城市与河流的经典故事。

2004年长春市委托中国城市规划设计研究院编制了长春市伊通河城区段风光带总体规划，拉开了长春市大规模持续性进行伊通河综合整治的序幕。本次规划范围南起南部绕城高速公路，北至四化桥，包括两侧堤线以外的河滩地及堤线内各50米的林带，河道自然长度18.75千米。

规划以大面积的绿化建设为基础，集防洪、生态、休闲、娱乐为一体，具有长春特色的都市生态风景线。

规划还针对伊通河滨河绿地利用问题，提出"在确保伊通河防洪安全的前提下，综合规划，突出生态、景观、娱乐、休闲功能，以清新、优美的自然河景带动周边旧城改造与房地产开发，创造出现代大都市中最为理想的人居环境，为长春市营造具有现代文化特征的城市生态景观走廊"的规划目标。

现状分析图

总体规划图

The Comprehensive Reform Plan for Yitong River in Changchun
长春市伊通河综合治理改造规划

编制单位：长春市城乡规划设计研究院
编制时间：2005年

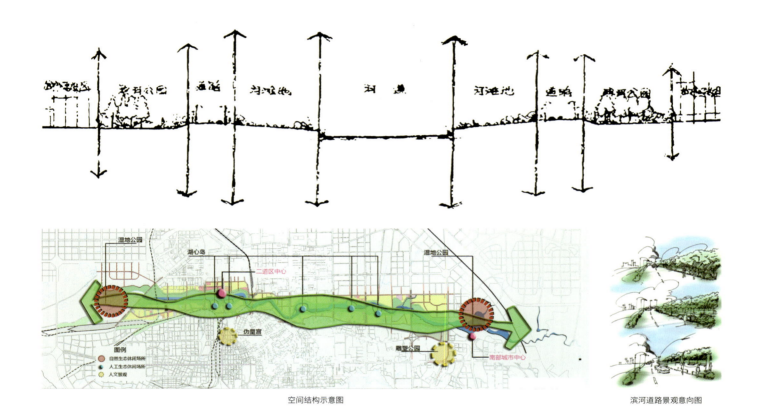

空间结构示意图　　　　　　　　　　　　　　滨河道路景观意向图

2005 年，长春市委、市政府提出了"加速建设母亲河"的工作部署，并于同年编制完成《伊通河综合治理改造规划》。

本次规划将北起绕城高速公路，南至新立城水库，西起亚泰大街及人民大街，东至广德街及临河街，全域面积达 73 平方千米。重点规划用地面积 28.52 平方千米。

规划功能定位为长春市母亲河，是集城市生态安全功能、多样化的居住功能、市民游憩休闲功能、新型商务功能和城市重要市政廊道五大功能于一体的城市综合发展区。

规划针对当时伊通河突出的缺"水"、少"绿"、远"路"、乏"景"等现状问题，分别从道路、排水、绿地、景观、开发用地五个方面给出了具体的规划解决方案，提出了"水清、岸缓、绿浓、境静"的建设目标。水清指筑坝蓄水，水体清洁环保；岸缓指河岸平缓，打造亲水、近水空间；绿浓指两岸的绿化覆盖率高，并且绿量高；境静指环境安静，成为喧嚣城市中的一方净土。

Concept Planning for Spatial Environment Facility of Yitong River Area
长春市伊通河全区段空间环境设施概念规划构想

编制单位：长春市城乡规划设计研究院
编制时间：2008—2009年

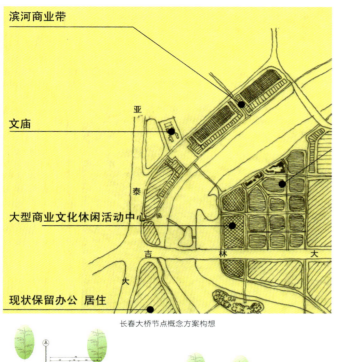

滨河商业带

文庙

大型商业文化休闲活动中心

现状保留办公 居住

亚

泰

吉 林 大

大

长春大桥节点概念方案构想

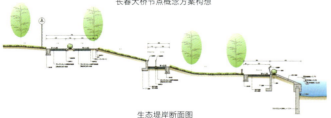

生态堤岸断面图

湿地风光段

四化闸

城市活力段

南绕城高速

水源涵养段

空间结构图

2008年，长春市委、市政府提出建设绿色宜居城市目标，明确要求以伊通河生态轴为核心开展城市河流水系综合治理。这一版的概念规划研究是基于以下两点认识提出的初步构想，为当时市政府进行伊通河综合治理决策和工作思路确定提供参考意见。

一是关于滨水区的认识。城市滨水区是城市最重要的公共活动场所和最具魅力的活力空间，是城市生态系统的重要组成部分和最具综合开发价值和吸引力的城市稀缺性战略资源，滨水地区规划建设优劣关系到城市的核心竞争力和形象。

二是关于滨水区治理工作的认识。城市滨水区的开发建设绝不是简单的滨水绿化建设，更不是单一的防洪水利工程建设，而是包括滨河区域整体空间、环境、设施在内的复杂的系统工程，需要贯彻科学发展观，用多元视角共同寻求滨水区开发建设科学的系统解决策略。

本次研究从更大区域空间认清伊通河区域现状特征，探索伊通河区域开发改造思路，提出伊通河区域发展规划构想。

具体研究范围为南起新立城水库坝下，北至长春市区边界，东到临河街、远达大街，西到亚泰大街、人民大街，河道自然长度62.6千米，总面积267平方千米。

Spatial Concept Planning for Yitong River
长春市伊通河全区段空间概念规划

编制单位：上海法奥建筑设计有限公司、长春市城乡规划设计研究院
编制时间：2010—2012年

伊通河综合治理工作是一项复杂的系统工程。2010年，为突出伊通河综合整治规划工作的全局性、综合性、战略性和实践性，市政府提出应建立起一套完整的规划编制体系。并利用一年时间，编制完成了概念规划、雨污水收集、综合交通、绿化及景观、东新开河综合治理等规划。

规划范围：以伊通河城区段全流域为研究范围，包括伊通河干流及支流，南起新立城水库二级保护区，北到市区行政边界，总面积410平方千米，全长约68千米。

规划定位：伊通河是保障城市安全和居民健康的生命线，对外开放和展示城市形象的景观带，提高城市环境质量和居住水平的生态轴，完善城市功能、促进经济持续繁荣的动力源。

规划理念：在规划编制上，强调"东西分层、南北分段"；在功能定位上，强调"水城交融、动静结合；在基础设施建设上，强调把伊通河复合功能轴建设成"贯通南北、联结东西"的防洪、交通和市政设施廊道；在整治策略上，强调"打造两端、提升中间"。

中段总平面图

创智生态绿地系统规划图

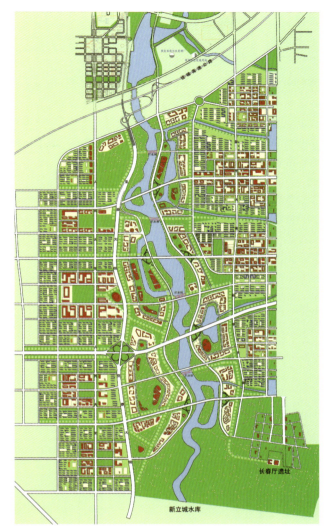

创智生态城总平面图

创智生态城效果图

Four Cities
四城

中心城、南部新城、西南国际汽车城、长东北新城

以保护传统风貌特色和优化提升现代服务职能为重点的**中心城**。中心城内保持现有规模和结构，实现建设用地 320 平方千米左右，可容纳人口约 350 万。

以现代服务业和科技创新产业为建设重点的最具现代城市魅力的**南部新城**。未来，有可能发展成为建设用地 160 平方千米左右，可容纳约 130 万人的新城。主要包括原南部新城、净月生态城和永春新区。

以建设世界级汽车产业基地为发展重点的**西南国际汽车城**。未来，西南国际汽车城有可能发展成为建设用地 150 平方千米左右，可容纳人口约 120 万。

以打造战略性新兴产业基地和东北亚国际物流中心为重点的**长东北新城**。未来，长东北新城有可能发展成为建设用地 270 平方千米左右，可容纳约 200 万人的新城。

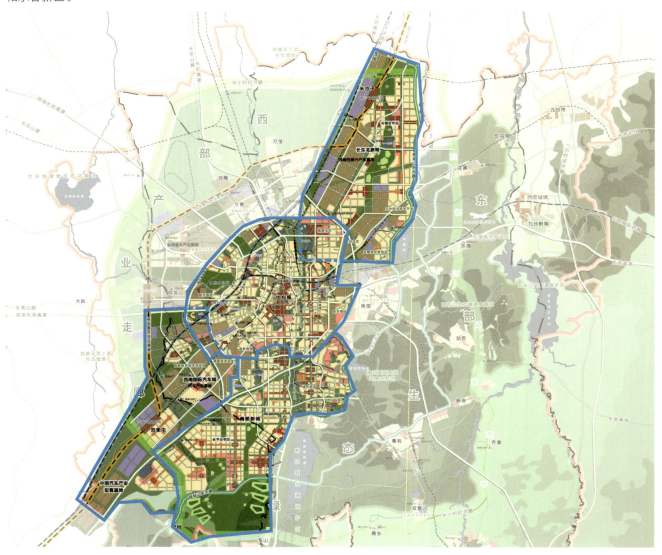

Urban Design for Renmin Street of Changchun City
长春市北人民大街城市设计

编制单位：长春市城乡规划设计研究院
编制时间：2006—2007年

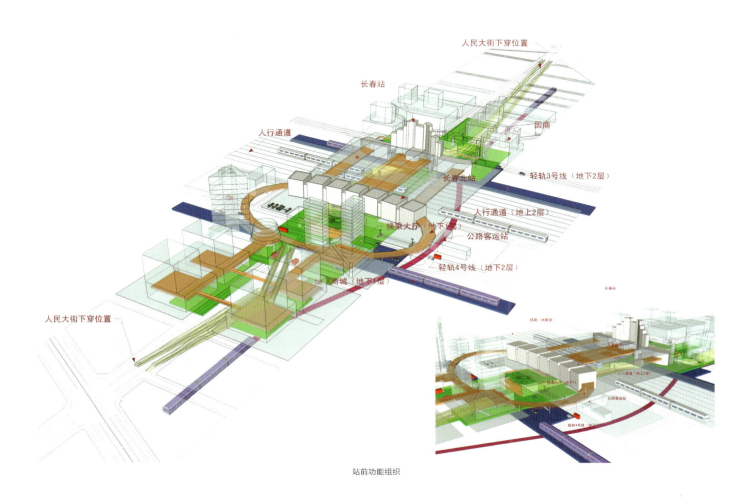

人民大街下穿位置

长春站

人行通道

国商

长春北站

轻轨3号线（地下2层）

人行通道（地上2层）

换乘大厅（地下1层）

公路客运站

轻轨4号线（地下2层）

地下商城（地下1层）

人民大街下穿位置

长春站

铁路（地面层）

换乘大厅（地下1层）

人行通道（地上2层）

公路客运站

轻轨4号线

站前功能组织

北人民大街位于长春市铁路以北，是城市中轴线的重要组成部分。2006 年，长春市委、市政府为实施"改造大铁北"战略，开展了北人民大街的城市设计工作。

规划明确北人民大街是集交通枢纽、商贸服务、文化办公、休闲娱乐、居住为一体，展现城市风貌特色、延续城市历史文脉、充满人情味和生命力的魅力城市空间。

规划通过继承富于时代精神的轴线和广场、构筑主题公园和街头绿地、串联历史文脉遗迹的辅街体系等手段来延续和传承现有特色；通过多种节奏的街区尺度控制、多种方式构筑的开敞空间、宜人的步行体系和林荫大街以及趣味盎然的细节引导来营造和体现北人民大街新特色；通过立体互通、区域互动、资源互享以及人车分流解决站前区交通功能组织混杂问题。

城市设计确定了北人民大街区域"一轴四区"的空间结构，即以人民大街为主轴，形成简洁现代的站前区、亲切宜人的生活区、生机盎然的生态休闲区以及典雅精致的行政办公区的四大功能区。三处纪念广场、一处综合公园、一条 20 米宽林荫绿带以及众多特色小游园共同构筑整个区域的开敞空间体系。

设计导则示意图

总体空间意向图

Urban Design for North Station Commercial Center of Changchun City
长春市北站前商业中心城市设计

编制单位：长春市城乡规划设计研究院
编制时间：2007年

2007 年，长春市进一步提出了"改造大铁北，建设新宽城，打造长春北部现代中心区"的发展战略，为了强化宽城区的现代服务功能，规划在南起铁北二路，北至台北大街，东临九台路，西至凯旋路，总用地 71.9 公顷的范围内，建设市级商业中心和北部城区的综合交通枢纽。

规划将此区域定位为体现城市历史文脉、展示城市时代风采、设施齐全、环境优美的城市片区。采用"春天的客厅"为主题，以"春天"比喻北国春城，取其生机盎然、欣欣向荣之意，体现新时期的城市风采。以"客厅"暗喻接纳、包容的含义，对应本区提出的连续且变化的连贯开敞空间体系。

用地功能上考虑传统服务业和现代服务业相结合，开发强度依次递减，主要分为核心区、过渡区、一般区等区域；在空间意象上保证北站前广场对北人民大街视线的开敞；保证北人民大街林荫步道体系的完整；保证商业核心区内各处开敞空间的贯通。

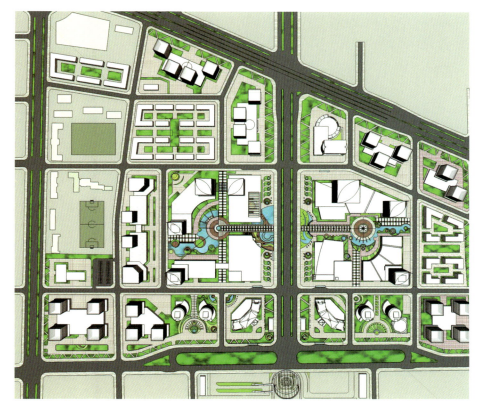

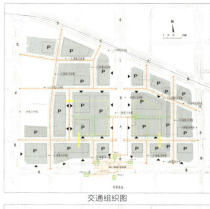

交通组织图

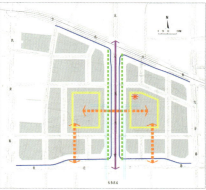

城市设计总平面图

城市空间组织图

Strategic Development Planning for North Area of Kuancheng District in Changchun
长春市宽城区铁北地区发展战略规划

编制单位：上海法奥建筑与城市规划联合设计有限公司、长春市城乡规划设计研究院
编制时间：2007年

宽城区铁北地区是市区向县域辐射的出口和必经之路，该区域的改造建设，有利于中心城区快速发展，也有利于改善宽城区尤其是铁北地区市民的生活环境，也是推进落实"改造大铁北，建设新宽城，打造长春北部现代中心区"战略的具体措施。

规划构建"一轴、两带、三区"的空间结构体系。"一轴"指以人民大街为经济发展和区域景观的主轴线，沿线布置行政办公、商贸商务、科技研发等中心；"两带"指沿串湖和伊通河两条主要水系，建设西部生态防护廊带和东部伊通河生态养护景观廊带；"三区"指由两条生态廊带自然分割而成的南部、西部和东北部三个片区。南部片区是宽城的中心城区；西部片区是工农业发展的复合区；东北部片区是宽城未来发展的主要拓展空间。

规划以解决产业、生态、人居、交通等问题为核心，将空间布局与产业发展相结合，形成既相对独立，又紧密联系、协调发展的有机整体。同时，有机串联城市生态资源，通过绿色廊道将公园、广场和各类公共景观联系起来，引入伊通河和雁鸣湖景观资源，形成贯穿全区的生态体系。将铁北改造纳入宽城总体发展规划之中，重点打造"五大功能区"和"六大核心节点"。

"五大功能区"包括：商务商贸区——火车站、台北大街片区，城市商贸与商务公共区，与铁南联动发展；中心生活区——以市民公园与区政府为核心，形成中心生活片区；科技公园区——以科技与服务为发展方向，形成生态化的城市功能区；雁鸣湖生活区——以雁鸣湖为核心形成生活城区；伊通新城区——铁路东侧与伊通河之间形成新的高档生活城区。"六大核心节点"包括：火车站北广场、站北商业中心及商务区、宽城区政府及市民中心、科技公园、伊通河生活中心、雁鸣湖生活中心。

概念总平面图

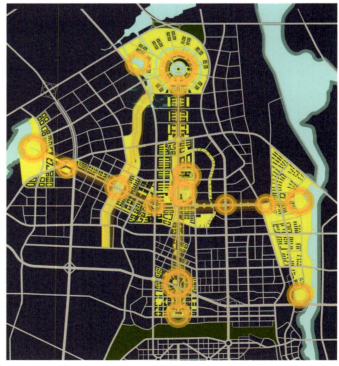

公共空间分析图

滨河景观意向图

商务中心夜景图

科技公园鸟瞰图

市民中心鸟瞰图

北站广场意向图

滨河景观意向图

Concept Planning for the Third and Fourth Ring Road Area of Kuancheng District of Changchun City

长春市宽城区三四环间区域概念规划

编制单位：上海法奥建筑与城市规划联合设计有限公司、长春市城乡规划设计研究院
编制时间：2011—2012年

宽城区三四环之间区域位于城市轴线北人民大街北端，伊通河西岸，横跨北环城路与北四环路中间地带，交通条件便利。该规划是对《长春市宽城区铁北地区发展战略规划》的延续和深入。规划研究范围约为15平方千米，其中核心区面积约为3平方千米。

规划通过对长春都市区北部区域的支撑产业、全市文化产业发展层面进行分析，结合城市总体规划结构，提出宽城区三、四环间区域的总体定位为：以极佳的区位条件与城市产业转型为背景，以长春都市区北部产业组团的发展兴起为支撑，以科技创新、文化创新为动力，以大型城市综合体为区域内核，将宽城区三、四环区域的发展腹地打造成以文化创意、商贸购物、高端产业服务为核心功能，集休闲游乐、旅游观光、休闲办公、商业购物、高尚居住等多功能于一体的充满文化气息的中央活力区（CAZ—Central Activity Zone）。

规划延续城市文脉与城市轴线空间肌理，建设城市文化中心及现代服务中心，形成"一心、一环、两轴、四组团"的结构。"一心"指位于区域中心地带及城市轴线北端的城市北部文化中心及城市北部产业服务中心城市综合体；"一环"指联系四个功能社区的商业及景观功能联系环；"两轴"指人民大街城市发展主轴及规划的乙十三路社区发展轴；"四组团"指以北亚泰大街及四环路为界的西部都市生活组团、东部都市生活组团、西北部综合发展组团和北部生态居住及休闲商务组团。

核心区鸟瞰图

图例
城市景观轴
社区景观轴
界面
开敞空间
地标
主要节点
次要节点

绿化景观结构图

图例
景观中心
主要景观节点
次要景观节点
城市景观轴
社区景观轴
景观带

活力空间体系图

图例
景观核
外围景观绿带
城市景观主轴
内部景观环
中心景观通廊
主要景观节点
次要景观轴
滨水景观渗透

核心区景观结构图

核心区总平面图

图例
城市发展主轴
社区发展轴
功能联系环
综合服务中心
社区中心

整体功能结构图

图例
CAZ中心
公共活动广场
城市发展轴
社区发展轴
复合功能环
南部居住社区
西部居住社区
西部城市公园

核心区功能结构图

Renovation Concept Planning for the First Thermal Power Plant Area of Changchun

长春第一热电厂地块改造概念规划设计

编制单位：上海法奥建筑与城市规划联合设计有限公司、长春市城乡规划设计研究院
编制时间：2011—2012年

本规划地块位于长春市中心城区，为长春市第一热电厂及其周边相邻用地，紧邻火车站北出口，在长春市人民大街中轴线上。总用地面积约106.20公顷，其中热电厂地块紧靠北亚泰大街，占地33.88公顷，是长春市工业遗产的重要组成部分。

规划以便捷的交通条件与完善的配套设施为支撑，以高尚生活社区为载体，将区域打造成以大型购物广场、商务办公为核心，文化创意产业为特色，集交通枢纽、商贸服务、文化办公、休闲娱乐、居住为一体，展现城市风貌特色、延续城市历史文脉、充满人情味和生命力的魅力城市空间。

规划确定了"三心、两轴、三片、一通廊"的空间布局结构。

"三心"是指长春站综合枢纽为城市集散中心；车站北侧的站前商业中心；以改造后的热电一厂形成的片区文化中心。"两轴"是指北人民大街南北向城市发展轴；铁北二路东西向联系轴。"三片"是指西部购物居住综合片区、中部购物办公综合片区、东部居住文化综合片区。"一通廊"是指以改造后的热电一厂为中心向南北两侧延伸的开放空间通廊。

规划将热电厂改造利用为以产业建筑为载体的文化艺术BLOCK街区。通过明确站前总体定位，建立与定位紧密联系的功能框架，并对BLOCK街区概念进行演绎和细化，从而发掘热电厂地块的文化与经济价值，以点及面，最终引导宽城区最具文化特色的BLOCK街区的形成。

规划总平面图

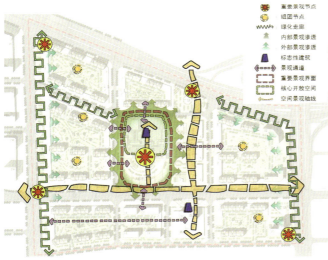

景观系统规划图

Concept Planning for the Front Zone of Changchun West Railway Station
长春西客站站前区域概念性规划

编制单位：上海同济城市规划设计研究院、长春市城乡规划设计研究院、德国AS＆P建筑设计事务所
编制时间：2007年

西客站区域位于长春市西部，指哈大高速铁路客运专线长春西客站站前区域，南起自立西街，北至皓月大路，东起西三环路，西至四环路，规划面积13平方千米，是中心城的重要组成部分。2005年铁道部与东北三省先后签订铁路建设协议以后，哈大客运专线高铁项目正式启动，长春站选定在长春西部进行建设，为长春和长春西部的发展带来了千载难逢的发展机遇。2007年6月8日，由长春市规划局提出，通过招投标，由绿园区政府委托同济大学规划院、长春市规划院和德国AS＆P公司对长春西客站站前区域进行概念性规划方案设计，并最终确定采用德国AS＆P公司设计的规划方案。

长春市城乡规划设计研究院方案

规划顺应城市总体结构和高铁枢纽周边地区发展规律，提出"绿色枢纽、双核双带"的规划理念。这样既可以保证枢纽核心与商贸中心功能相互独立、联系便捷，又保证了规划的弹性——富于应变和进取。为该地区进一步向南、向北延展预留通道和发展空间，使商务、商业功能沿交通轴、绿化轴保持继续拓展的可能。

规划总平面图

西客站站区意向图

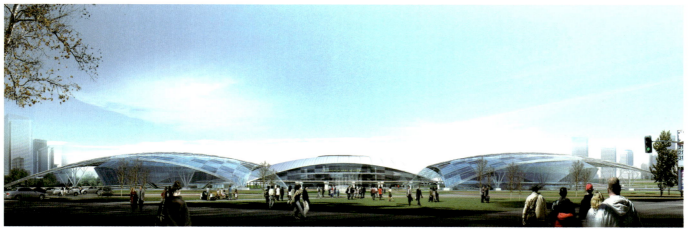

站前广场示意图

上海同济城市规划设计研究院方案

该方案借鉴田园城市的理念，以站前区的核心区作为规划区公共设施和公共绿地的主要集聚区，形成整个站前区的发展引擎和景观核心。本次规划形成"一主两副"的功能布局，"一主"是指站前区的核心区，依托交通枢纽形成地区发展的公共核心，"两副"是指两个居住组团的社区服务中心。在此基础上绿化渗透轴贯穿规划区。规划核心区为高层、中密度的紧凑型都市中心，配有景观优美、设施齐备的广场、步行空间，拥有绿树成荫、生机勃勃、方便行人的城市环境，力求反映绿园区以及长春市的中央商务区的崭新面貌。

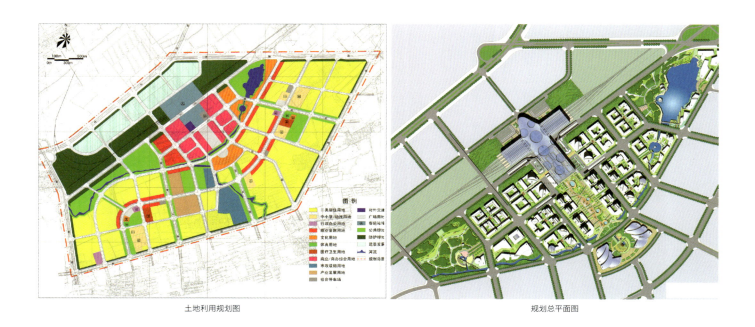

土地利用规划图

规划总平面图

道路交通规划图

产业发展布局图

景观结构规划图

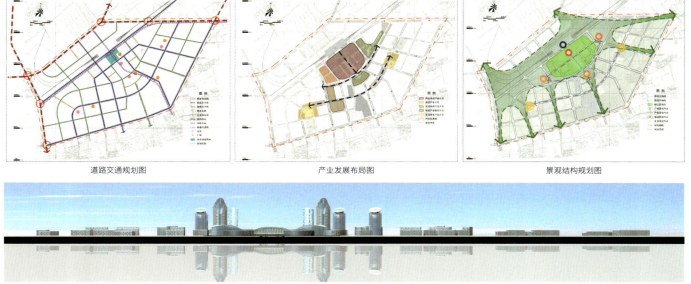

站前区天际线示意图

德国 AS & P 建筑设计事务所方案（推荐方案）

方案将西客站区域定位为以现代服务为特色的城市副中心，围绕高铁站区发展市场、高品质办公、创意研发、酒店、中枢商业、休闲娱乐、酒店式公寓的城市综合功能区。规划紧密结合西客站周边建立服务区、旅游集散中心，核心区的位置打造城市 CBD 中央商务区，依托公共开敞空间建立创意研发中心、文化休闲中心，形成高品味的商务环境。中央商务区东西向两侧布置居住社区，形成"职"与"住"功能高度融合的 21 世纪多功能型城市。

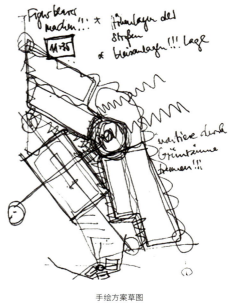

手绘方案草图

城市设计方案图

West Railway Station Planning & Key Areas' Urban Design and Deepening Adjustment Project

长春西客站区域规划及重点区域城市设计深化调整方案

编制单位：德国AS&P建筑设计事务所
编制时间：2007年

2007年9月，绿园区政府委托德国 AS & P 公司作了《长春西客站区域规划及重点区域城市设计》深化调整方案,要求在"长春西客站站前区域"概念性规划方案的基础上，承担该区域扩大范围内规划方案的深化工作；以西客站的建设为契机，充分研究周边地区的产业结构，旨在带动周边区域的城市发展。这次深化工作将作为日后编制"控制性详细规划"的基础，其中包含了城市设计、景观规划、交通枢纽及区域等方面的一些内容。

中心区鸟瞰图

居住区鸟瞰图

整体鸟瞰图

Urban Design for Central Area of Changchun West New City
长春市西部新城核心区城市设计

编制单位：北京清华城市规划设计研究院
编制时间：2009年

2008年12月，长春市西部新城开发区成立，2009年，开发区管委会委托清华城市规划设计研究院编制西部新城核心区城市设计和西部新城核心区修建性详细规划，并与同年9月通过长春市城乡规划委员会审议。西部新城核心区指西客站地区内重点发展区域，规划面积4平方千米左右。规划在最大程度上体现长春市"圆广场、放射路、四排树、小别墅"的城市特点。

"圆广场、放射路"西部新城核心区的形式语言继承了长春市肌理清晰、圆形要素强烈的城市特点，将圆形这一形式继续延续，并通过具体城市设计的变化，使其具有不同的城市空间。在规划中的核心位置也规划设计了一组建筑，沿圆形道路布置，内部则设计二层景观平台进行连接，从而形成一个环形建筑综合体。规划两段机动车道路与圆形道路连接，形成初步的放射状结构，进一步通过步行空间强化放射形的城市肌理。

"四排树"是对长春良好的道路绿化的概括。在中轴线的步行空间中种植高大乔木，使其成为一条林荫大道。规划道路中央绿化隔离带，降低道路的空间尺度，增加道路绿化美感。规划若干条道路沿边绿化带，降低两侧建筑的压迫感，美化城市空间。

"小别墅"风情休闲商业步行空间作为核心特色。"小别墅"是对长春众多风格历史建筑的概括，也是对传统宜人建筑空间尺度的一种描述。规划认为可以将其与方案相结合，作为项目核心特色。

核心区鸟瞰图

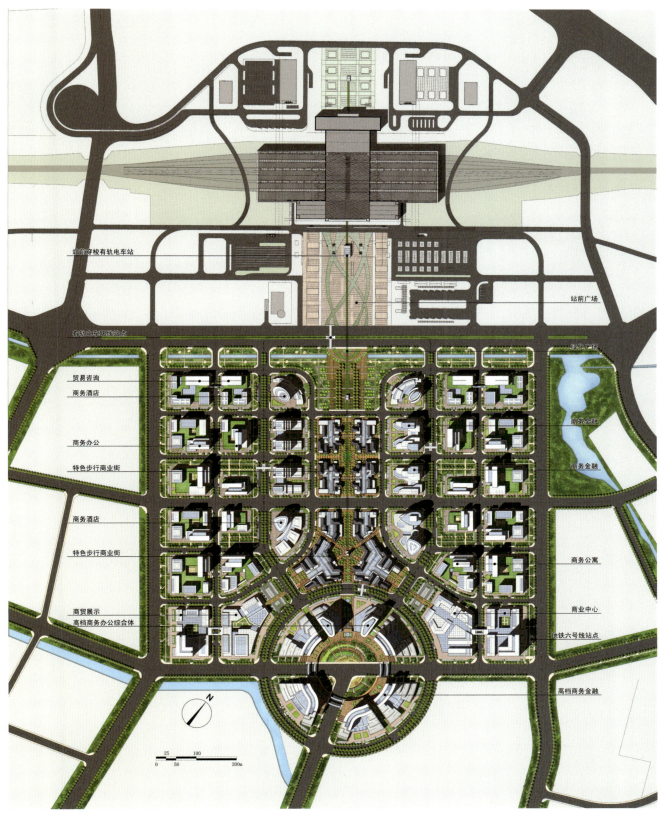

站前穿梭有轨电车站

有轨电车环线站点

贸易咨询
商务酒店

商务办公

特色步行商业街

商务酒店

特色步行商业街

商贸展示
高档商务办公综合体

站前广场

绿化广场

商务金融

商务金融

商务公寓

商业中心

地铁六号线站点

高档商务金融

核心区总平面图

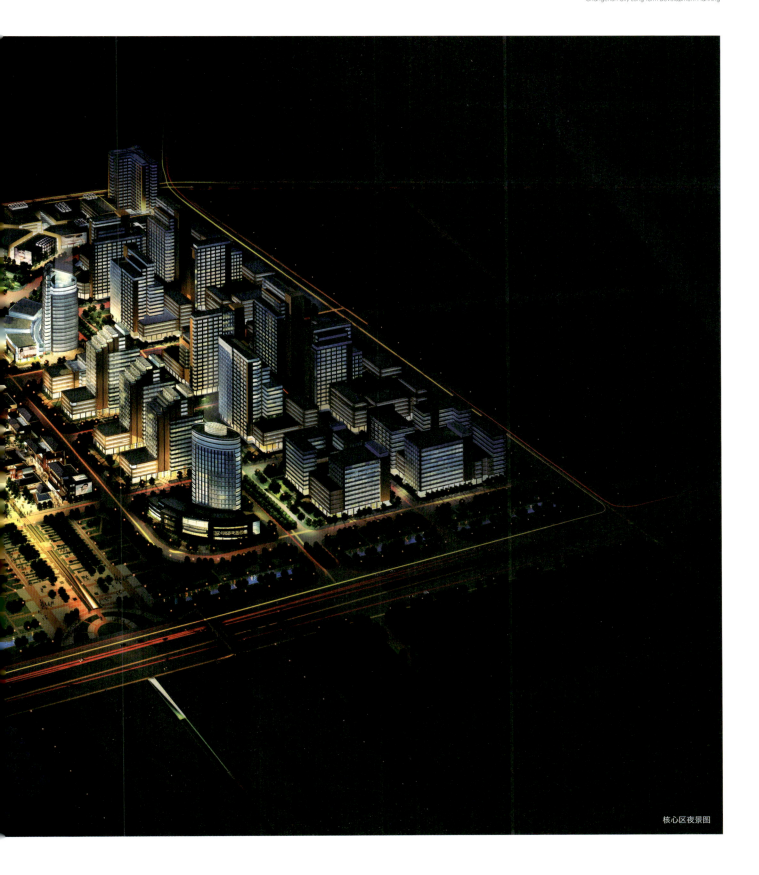

核心区夜景图

International Consulting Development Planning for the South New City of Changchun

长春市南部新城发展规划国际咨询

编制单位：上海同济城市规划设计研究院、中国城市规划设计研究院、（株）日本设计&（株）莱特设计（大连）&Spinglass Architects. Inc.、
　　　　　美国CAPA设计咨询机构、长春市城乡规划设计研究院
编制时间：2003—2004年

为了拉开城市结构、疏解城市功能、促进城市由单中心向多中心转变，2001年，长春市政府提出开发建设南部新城，范围涵盖了高新区、净月区和南关区等城市南部主要区域，面积约150平方千米，其中可供新开发建设用地约115平方千米。

2002年，按照市政府的要求，结合城市总体规划研究工作，以"长春市南部新城规划研究"为课题，研究并形成了《南部新城规划研究》的初步成果。规划拟通过建设各类功能复合的城市建筑，推动城市产业升级；通过城市轴线、节点以及标志性的现代建筑，创造充满活力的现代化成功城市形象。

为了落实市政府对长春南部新城的规划要求，2003年由长春高新技术产业开发区管理委员会组织南部新城规划方案国际咨询工作，共有四家国内外知名设计单位参加投标，最后（株）日本设计&（株）莱特设计的"流绿都市"方案成为推荐方案。

2006年，随着长春市政府南迁，长春市拉开了南部新城建设的序幕，引领了长春新一轮的建设热潮；在此前多次各项研究和规划的基础上，2011年，在《长春市总体规划（2011—2020）》中，南部新城被确定为"双心、两翼、多组团"空间结构中的城市副中心所在地。

南部新城范围示意图（2002）

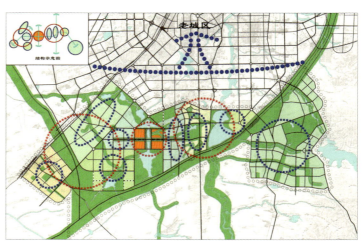

规划结构示意图（2002）

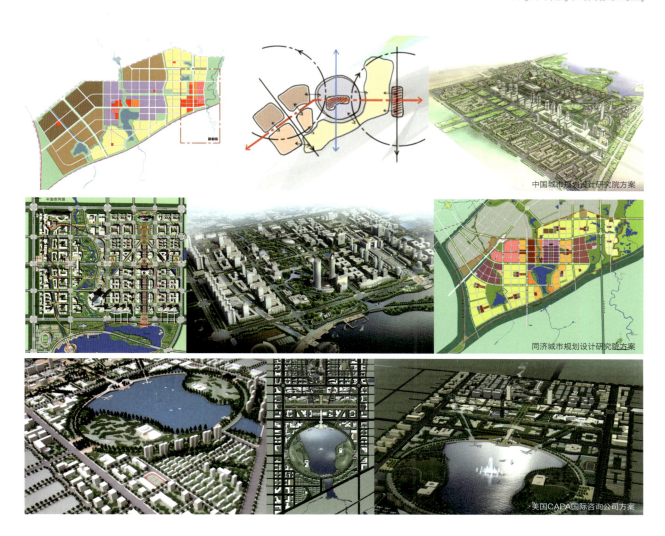

中国城市规划设计研究院方案

同济城市规划设计研究院方案

美国CAPA国际咨询公司方案

中国城市规划设计研究院方案

规划运用"生态城市、创新城市、TOD城市、精明累进城市和经营城市"理念，创造"三区一轴"的空间结构，"三区"指由东至西依次为综合服务区—科技创新区—生产区。"一轴"指东西向联系综合服务中心、科技创新中心、汽车城中心而形成的空间轴线。在核心区城市设计中提出"两轴、五带、一环、两极"的规划结构。

上海同济城市规划设计研究院方案

方案构建长春"金腰带"。"金腰带"是指规划区内包括核心区的一条东西向城市走廊，是一条展示性景观、交通轴，起到适量分流整个城市的东西向交通功能的作用，同时形成了东西轴向功能序列。规划着力塑造强有力的城市空间形态和天际轮廓线。办公商务建筑沿南北轴展开，形成纵横交织的高层带，强化十字空间骨架结构。而超高层建筑群是全区制高点和空间统

领，建筑高度布局错落有致，层次丰富，共同构筑了优美的城市轮廓。核心区规划继承和借鉴旧城的布局特点，突出"方城"的概念，形成规整而严谨的格网城市。规划强调布局生态性、功能复合性和形象标志性。

美国 CAPA 国际咨询公司方案

方案提出南部中心城区的用地由行政、文化和商业、金融、生产性服务业为主的核心区；以汽车相关产业、高新技术产业和科教研发主导的综合发展区以及城市生活居住区三部分组成。并倡导采用"中央活动区"（Central Activity Zone，即CAZ）与TOD（交通导向开发）结合的开发模式。核心区规划概念基于创造一个由敞开通透的生态空间与完整的城市肌理所组成的新城中心。核心区规划结构分区为"一轴五带"，指由生态水库所构成的开放的生态中轴贯穿五个功能带（创新带、商业带、行政带、文化公共建筑带、体育公共建筑带）。

规划总平面图

（株）日本设计 &（株）莱特设计（大连）&Spinglass Architects. Inc. 方案（推荐方案）

方案确定南部中心城区的主题为"流绿都市"这一建设理念，即保留现有的水系和绿色，整修成新的绿带。从生态角度，构筑一条从西南到东北（长春主导风向是西南风）的生态廊道，通过S形绿地将内侧、外侧环形绿化有机地结合，形成绿化体系。S形绿地中存在各种各样的空间，是人们交流、喧闹、实现创造等的场所。东区为核心区，以行政、办公、商业、文化等为主；西区以研究开发、居住功能为主。核心区按用地功能分为三个层面，分别是行政办公、以绿地为基调的居住文教设施用地、商务金融用地；珍视并延续了长春原有的风景（步行林荫道、水的空间、交通环岛等）。

流绿都市概念图

用地规划图

2004 年，长春市城乡规划设计院对长春市南部中心城区发展规划国际咨询方案进行方案综合。

在充分吸取四家方案优点的基础上，吸收并深化"流绿都市"生态建设的理念，并提出了"纯绿地"、"准绿地"等概念，综合方案形成了南部中心城区"一心、一带、两区"的功能布局结构。"一心"即南部中心城区的核心区，也是长春市的城市副中心；"一带"即 S 形绿带，是南部中心城区的城市骨架，也是南部中心城区的生态廊和流绿空间；"两区"是指南部中心城区被 S 形绿带分割成两部分的东部居住区和西部工业区。

核心区域用地规划图

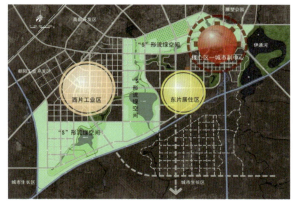

功能分区图

Urban Design for Central Area of Changchun Southern New City
长春市南部新城核心区城市设计

编制单位：长春市城乡规划设计研究院
编制时间：2006年

核心区域鸟瞰图

中央商务区鸟瞰图

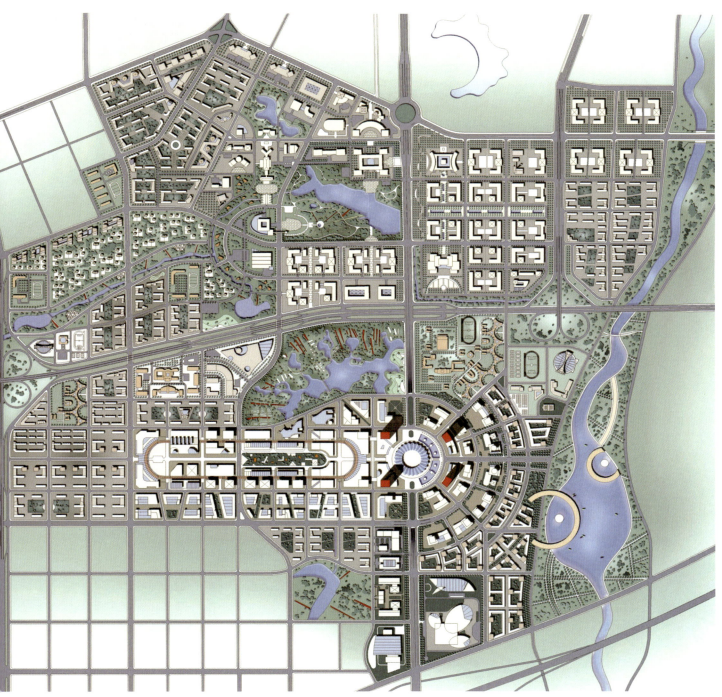

城市设计总平面图

2006年，为了更好地指导南部新城发展建设，由市规划院在进行南部新城国际咨询方案综合的基础上，继续深入编制完成了南部新城核心区域城市设计方案，确定了城市设计的核心框架，延续长春市小街格、高密度的街路空间尺度；在办公区、金融区、居住区形成疏密有致的空间形态；同时，深化"流绿空间"规划设计理念，结合水系的自然形态，从伊通河到西侧的八一水库，形成一个形态自然、与各功能区有机结合的绿地、水系和低密度建设区；另外，规划在南部新城核心区建设长春CBD，以形成现代都市的标志性区域。在设计中，研究并确定了重要区域和节点的城市设计要求。

International Design Consulting for the Central Area of Changchun Southern City Zone
长春市南部中心城区核心区城市设计国际咨询

编制单位：澳大利亚COX设计事务所、美国盖斯勒建筑设计事务所、英国斯凯奥斯普建筑设计咨询有限公司、日本柏艺达设计公司、
　　　　　中建国际设计顾问有限公司、香港华艺设计顾问有限公司、中国建筑东北设计研究院
编制时间：2008年

2008年，南部都市经济技术开发区成立。为了提高南部新城规划和建设水平，开发区管委会邀请澳大利亚COX等7家国际知名设计团队，对南部新城核心区约3平方千米的城市重点区域进行了更加详细和深入的城市设计。特别是对区域滨水空间的塑造、人民大街与"金腰带"交汇区域的重要城市节点标志性建筑的打造以及区域地下空间综合利用等方面均提出了独特设计方案。

中建国际设计顾问有限公司方案

香港华艺设计顾问有限公司方案

中国建筑东北设计研究院方案

美国盖斯勒建筑设计事务所方案

英国斯凯奥斯普建筑设计咨询有限公司方案

盖斯勒方案侧重研究了中央商务区的建筑形态、形式、高度、结构、组合效果；奥斯普方案中提出了"超级花园"的设计理念，拟通过连续的城市绿色景观空间、景观综合体、无缝连接的景观性公共空间、空中花园等元素来实现城在园中的理想；东北院方案从道路整合四塔形态、步行街、地下空间等方面入手，由小见大，以点统面，整合城市与空间、地上与地下、街路与景观；华艺方案提出并深化了"绿 YUN（韵、孕、云）长春"的设计概念，充分挖掘和塑造核心区的生态景观资源，做好"绿文章"；中建国际方案以案例研究为基础，融合长春市 CBD 所需的因子，从开发时序、诱发因果、投资效益、建设技术、三维空间等方面进行了全面的探索。

日本柏艺达设计公司方案

方案构思草图

澳大利亚 COX 设计集团方案（推荐方案）

规划以"流绿都市"为核心理念，继承长春市"开敞、大气"的城市整体景观意向，延续城市传统小路网城市肌理，保证城市传统文化与现代风格的有机结合；采用宏观到微观的逻辑分析方法，对重点区域和街路进行整体构思与设计，充分体现新城区独有的空间形态和风格魅力；关注人的多元化活动行为，构筑人文与自然的有机交融。通过城市生态、功能、环境设计，规划形成两轴、两区城市空间景观格局。即形成人民大街历史文化与"金腰带"商业金融娱乐两条轴线；形成以 102 国道为界限的一动一静、一密一疏、一高一矮的南部高密度建设区与北部低密度流绿空间。

深化方案城市设计总平面图

Urban Design for the Financial Business District of the South New City
长春市南部新城金融商务区城市设计

编制单位：长春市城乡规划设计研究院
编制时间：2009年

2009 年，为了整合长春市金融服务和总部经济资源，促进南部新城现代服务业的发展，推进长春东北亚国际商务区的建设，在南部新城建设长春金融商务总部集中区。商务区北起南三环与长春国际雕塑公园隔路相望，南至 102 国道毗邻南部新城"城市新中心"，西邻人民大街和市政府对应，东至亚泰大街，总面积约 89.4 公顷。

按照南部新城打造"流绿都市"的基本理念，结合金融区良好的区位和生态环境优势，将金融商务区打造为集金融、企业总部和商务服务于一体的、生态环境优良、设施配套完善的"绿色金谷"。金融办公区沿人民大街一线展开，主要布置知名的大型金融企业办公楼。为延续人民大街开敞通透的空间特色，道路两侧将分别控制 30~50 米宽的绿化空间，并在与柴户张水库相对处设置城市广场，作为商务办公轴线的起点。 总部办公区引入"总部基地企业集群"的理念，建设智能化、生态型的总部楼群，吸引各类企业集团的总部入驻。在轴线北侧规划一处创业园，吸引高成长性的创业公司。综合商务服务区延续流绿空间概念，打造自然生态与城市文化复合的区域。

功能分区图

城市设计总平面图

Development Strategy Study for the West of Jingyue Ecological City
长春市净月生态城西部发展战略研究

编制单位：德国AS&P建筑设计事务所、德国IBO建筑规划设计咨询有限公司(上海)、日本株式会社日建设计有限公司
编制时间：2007年

净月生态城是长春大南部新城的重要组成部分，位于长春市区东南部，面积478.7平方千米，其中森林和水域面积243平方千米，占区域面积的一半。开发区东部为净月潭风景名胜区，南部是拥有62平方千米水域面积的新立湖，西部有林水相依的伊通河风景带，具有长春市独一无二的生态环境优势。净月西区作为净月开发区主要建设用地的承载区域，是其重点发展区域，也是长春市的热点发展区域之一。

2007年净月开发区管委会对长春市净月生态城西部区域发展战略研究进行国际咨询，邀请德国AS&P等三家国际知名设计机构参加。

德国IBO建筑规划设计咨询有限公司（上海）方案

城市设计总平面图

日本株式会社日建设计有限公司方案

德国 AS&P 建筑设计事务所方案（推荐方案）

AS&P 规划为"长南绿都"定下的主题为"水域·绿野·商都"。"水域"意指以新立城为源头的长春母亲河——伊通河流域、伊通河支流及两侧绿化所构成的广大区域。水域代表了长春的历史和深厚的民族感情，"水岸生活"将成为"长南绿都"的最大特色。"绿野"是绿化、广场等开放空间的总称，是21世纪生态城市发展理念的贴切表述。在绿野之中的城市是"长南绿都"

的形象标志。"商都"紧扣了"长南绿都"的功能主题，商业、商务、商贸等公共功能的聚集，使"长南绿都"成为最具活力的城市中心区。"水域·绿野·商都"的主题紧紧围绕了净月生态城的发展目标，体现了"长南绿都"独一无二的特色，因而此主题将具有非凡的生命力和号召力。

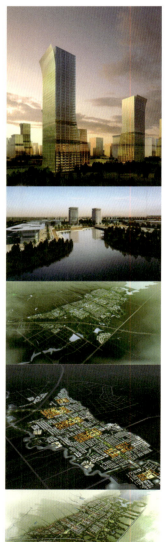

城市设计总平面图

Urban Design for the Financial Business District of Jingyue Ecological City
长春市净月西区生态商务中心城市设计

编制单位：日本矶崎新工作室
编制时间：2010年

规划总平面图

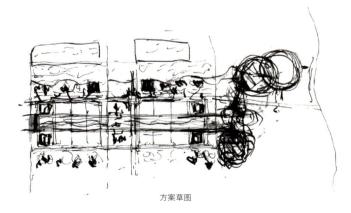

方案草图

本次规划在德国 AS&P 公司整体规划的基础上进行深化和调整，通过生态商务中心（EBD）的构建，营造可持续发展的生态环境。净月西区 EBD 发展模式旨在改变传统的城市发展观，在注重科技推动产业和经济发展的同时，更注重以人为本、生态保护的城市空间的营造，不仅使城市的土地资源、市政配套资源得以最充分的利用，而且为产业经济营造一种更为和谐、更高效、更有魅力的可持续发展环境。

规划结合贯穿用地的南北方向绿色轴线，在东西方向创造出一条步行交通轴线，在建设用地中形成城市网格，南北方向的轴线连接着旧城区和整个净月区，而新设计的东西方向的轴线连接建设用地的内部，使用地的外部与内部的往来交通更为便利。整个区域以行政中心和会展中心为核心，结合南北轴线和东西轴线建设 4 个超级街区，通过它们的空间组合形成区域的中心。在东西轴线的两端设置交通枢纽中心，这两个交通枢纽恰如磁场一般在用地的两端相互吸引。同时考虑到长春冬季气候寒冷的特点，规划为步行者设计了名为"空中回廊"的城市空间，通过空中回廊联系规划的轻轨站点与超级街区商务办公楼，确保上下班人群的便捷，高架于地上 7.5 米的高度，形成与现存交通网相隔离的步行环境。同时，为了便于行人放心地通行，将地面道路设计成蛇形，使车辆减速，创造出既以步行者安全为本，又可以有车辆进入的空间。

规划以南北向中央绿带景观敞廊为主轴，以东部居住区的南北向居住区景观敞廊为次轴，以商务区六条南北向办公绿化景观视廊为辅轴，加之东部居住区中环状住区公共景观绿化带，形成地区的基本绿化景观格局。充分利用南侧滨河绿地，在新城西街东侧滨河地区建设一个大型公园，为居民提供休闲场所。为突出核心超级街区的横向伸展性，在街区东西两端设计四幢较大体量的地标性建筑，并在超级街区南侧、彩宇大街以东和彩宇大街以西布置两幢地区性标志建筑和地标性标志建筑组成的超高建筑群，强化南北向中央景观敞廊和超级街区的核心性。

Urban Design for Caiyu Square of Changchun City
长春市彩宇广场城市设计

编制单位：上海法奥建筑设计有限公司
编制时间：2009—2010年

总平面图

彩宇广场是净月西区的门户，是净月生态城和中心城区之间的重要节点，2010 年上海法奥建筑设计有限公司进行了长春市彩宇广场城市设计，塑造其简约、疏朗、大气的现代风格。

在本次城市设计中，彩宇广场被定位成以商务办公、商业为主，配有酒店、住宅的城市综合体，净月区商业、商务形象门户。

规划形成"两轴四区"的功能结构，"两轴"指两大城市形象轴；"四区"指商务办公区，商务、商住区，商务、商业区，广场。未来彩宇广场周边通过多种功能的复合，交通组织的优化，使其成为城市入口的重要节点，建设内容包括标志性超高层建筑、大型商业建筑、商业办公群体等，围绕广场共同形成令人印象深刻的城市门户形象。

Concept Planning Design for Photoelectric Information Park of Jinlin Province
吉林省光电信息产业园概念规划设计

编制单位：德国AS&P建筑设计事务所
编制时间：2009年

吉林省光电信息产业园位于净月西区中央生态轴的北部，规划商务中心的南侧，规划商业娱乐中心的北侧。2009 年，德国 AS&P 基于"未来之城"的理念完成吉林省光电信息产业园概念规划设计。

规划构筑圈层式结构，以商业区（红核）为中心，绕以绿带及公园，并将伊通河的自然生态景观通过绿带引入园区中心，外围以各组团综合服务区联系各高科技组团，最外侧以绿廊与其他园区进行生态隔离。整个园区分为综合服务区、光电子园区、汽车电子园区、动漫网游园区、软件外包园区、生态休闲区等。

园区通过高速公路和快速路与外围建立高效联系，并在园区内部形成以步行和自行车道为主的城市绿环，并辅以步行内街和自然景观步道，倡导绿色环保的交通方式。

整个园区的建筑布置和密度遵循由中心区域向周边呈圈层式递减的原则，由内向外，高度、体量等逐步减小，形成渐渐融入自然的形态，并对各园区的建筑设计进行了导引设计。园区景观方面，将外围的自然景观通过河流以及大大小小的指状绿化伸入城市，城市的人工景观也通过路网和城市公共空间的设置，由城市中向外渗透，形成整个园区良好的景观品质。

城市设计总平面图

Spatial Development Concept Planning for Yongchun New Area of Changchun City

长春市永春新区空间发展概念规划

编制单位：北京华雍汉维设计公司、长春市城乡规划设计研究院
编制时间：2011—2012年

永春新区位于长春市中轴线人民大街南延长线两侧，是长春市大南部新城的重要组成部分，也是城市未来重要的发展空间。新区北连南部新城核心区，东邻长春南北景观轴线伊通河，南至城市生态屏障大黑山脉和水源地新立城水库，总面积约76平方千米。建设用地面积约60平方千米，以朝阳区永春镇为主，还包括朝阳区富峰镇局部、南关区及高新南区绕城高速公路外的部分区域。

规划秉承"流绿都市"、"新城主义"、"生长城市"等规划理念，以"五城"为发展目标（经济繁荣、宜居宜业的"活力之城"；知识密集、信息发达的"智慧之城"；交通便利、联系紧凑的"高效之城"；资源节约、环境友好的"生态之城"；文化交融、和谐共生的"和谐之城"），将永春新区打造成为东北亚地区的商务总部基地，国家级文化创意产业中心、长春市的科技研发创新中心、生态休闲旅游中心和高品质的城市宜居住区。

规划形成"一轴、两带、多中心"的空间结构。

"一轴"是指随长营高速公路改线工程的建设将永春段人民大街功能变为城市道路。构筑以人民大街为依托串联商业、商务、文化创意为主要功能的现代服务业产业轴，并将人民大街城市轴线继续向南延伸，打造长春"百年长街"和"百里长街"，形成长春市的城市名片。

"两带"是指伊通河滨水休闲文化产业带和永春河滨水科技创新产业带。

"多中心"是指在永春新区规划的市区级中心、专业中心和住区中心的三级中心体系。一级中心指商务总部基地中心、区级综合中心、创智研发中心三处市区级中心。二级中心指雕塑创意、历史文化等专业中心。三级中心指结合轨道交通站点的住区中心。

手绘图

功能分区示意图   轨道交通示意图   总平面图

Concept Planning for Open Development Pilot Area of Chang Dongbei
长东北开放开发先导区概念规划

单位：长春市城乡规划设计研究院
时间：2008年

2007年8月，国务院批准实施《东北地区振兴规划》。2007年10月，吉林省委省政府提出建设长吉图开放带动先导区。2007年11月，长春市提出在长春东部和东北部建设"长东北开放开发先导区"，这就是今天的长东北新城。2008年5月，按照长春市政府要求，长春市规划局组织编制完成了《长东北开放开发先导区概念规划》。

规划从研究长春远景空间发展战略规划和长春产业发展规划入手，将长东北发展建设规划置于大长春发展框架之下进行研究。

规划在长东北开放开发先导区内构建"一核、双轴、多区"的空间结构。

"一核"指结合超达工业区及赛德工业区集中设置的产业组团，构成"长东北"发展的核心。"双轴"指沿102国道方向发展的生产发展轴以及沿长吉图方向发展的生产服务轴。"多区"指由北部新城、空港服务区构成的生产支撑服务区以及在现有工业区基础上发展的以产业为主、生活配套职能为辅相对设施完善的综合产业组团。

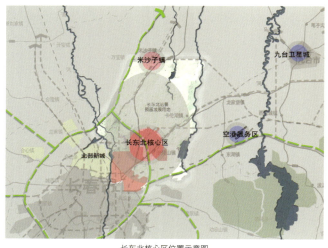

长东北核心区位置示意图

区域分区发展概念图

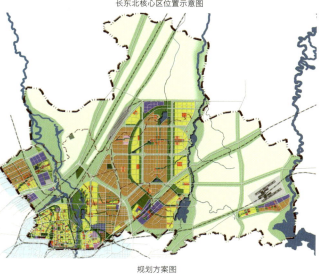

规划方案图

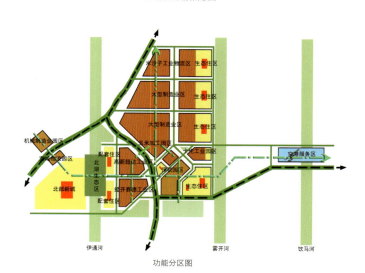

功能分区图

Development Construction Planning for Chang Dongbei
长东北发展建设规划

编制单位：德国AS&P建筑设计事务所、长春市城乡规划设计研究院
编制时间：2008—2009年

规划总平面图

2008年9月，在长东北开放开发先导区概念规划的基础上，长东北办和长春市规划局组织编制《长东北发展建设规划》，并于2009年9月通过长春市城乡规划委员会审议。

此次规划范围包括米沙子镇以南，长农公路以东，长吉铁路、长吉南线以北区域，总面积约1 200平方千米。共涉及"四区、两市、一县"7个建设主体。

规划将长东北区域定位为：内陆地区改革开放的先行先试试验区、新型产业集聚区、区域经济发展的带动区、东北老工业基地振兴的示范区、配套完善的生态宜居城市新区。

本规划是以生态优先原则、TOD引导原则、复合功能原则为整体空间发展的基本思路，将生态系统作为背景引导区域开发，最终形成了"三心、三翼、三楔、多园"的空间布局结构。"三心"指北湖商务区主中心和宽城区北部新城、卡伦湖新城两个副中心；"三翼"指沿102国道形成中部高新技术产业发展翼，沿101省道形成东部新型产业发展翼，沿长农公路形成西部轻工及现代物流产业发展翼；"三楔"以长春北部广阔的河谷平原和东部低山丘陵为生态腹地，从东向西沿长吉高速、干雾海河、伊通河构建三条大型楔形绿地，以此形成长东北区域的生态格局；"多园"指规划"四区、两市、一县"沿"三翼"建设的20个产业园区、9个生活住区。

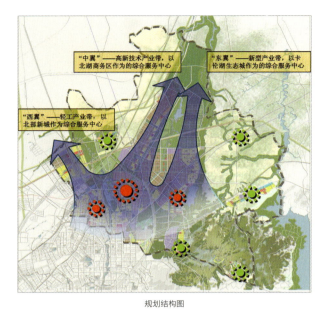

规划结构图

西翼空间划分示意图

东翼空间划分示意图　　中翼空间划分示意图

Urban Planning for Central Area of Chang Dongbei
长东北核心区城市设计

编制单位：澳大利亚COX设计集团
编制时间：2011年

长东北核心区位于长春市中心城区东北部高新区内，长东北城市生态湿地公园东侧，是长春市北部城市中心。规划用地总面积约27平方千米。该区域位于城市主要发展方向上，是长东北开放开发先导区的核心区。

2010年11月，高新区管委会邀请澳大利亚COX集团、日本伯艺达设计有限公司、中国中元国际工程公司、深圳市建筑设计研究总院有限公司、上海同砚建筑规划设计咨询有限公司五家设计单位参加《长东北核心区城市设计》方案招标，于2011年2月16日召开方案专家评审会，COX集团的方案被评为中选方案。

规划确定长东北核心区的定位为：连接中国东北主要城市，贯穿南北、区域共建的开放新城；经济繁荣、宜居宜业的综合活力新城；知识密集、信息发达的智能新城；资源节约、环境友好的生态新城。

规划通过打造城市公共空间和控制智能化的城市基础设施，建立持续发展城市的典范。完善城市配套和服务功能，成为产业和人口转移的承接地，并以发展城市综合商务商业区、高品质居住休闲产业、科研教育产业区、文化娱乐产业为主导，带动区域城乡经济的全面发展。

图例
1. 北部居住社区
2. 综合物流商贸区
3. 居住社区
4. 长春师范学院
5. 长春工业大学
6. 地理所
7. 吉林省交通学院
8. 大学综合服务区
9. 奥体中心
10. 城市绿环
11. CBD核心区
12. 中央公园
13. 城市之心广场
14. 高科技企业孵化园区
15. 光机平台
16. 体育商贸
17. 城市综合商贸区
18. 南部滨水居住社区

长春长东北核心区规划

总平面图

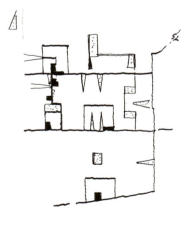

概念草图

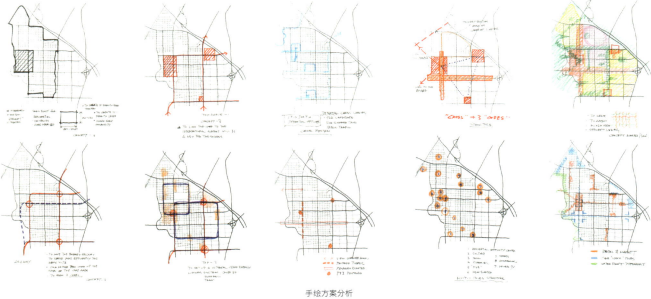

手绘方案分析

Development Construction Planning for Changde New Area
长德新区发展建设规划

编制单位：国际咨询（德国AS&P建筑设计事务所、上海复旦规划建筑设计研究院、上海同济城市规划设计研究院），长春市城乡规划设计研究院整合方案
编制时间：2011年

2010 年末，由高新区和德惠市本着资源共享、优势互补、互利双赢、共同发展的原则建立长德新区。2011 年 1 月，高新区管委会邀请上海同济规划设计研究院、德国 AS&P 公司、上海复旦规划建筑设计研究院三家设计单位参加《长德新区概念规划》方案招标，于 2011 年 4 月 8 日召开方案专家评审会，会议确定由上海复旦规划建筑设计研究院进行方案深化。2011 年末，由长春市城乡规划设计研究院进行方案的最终调整及深化，完成规划设计成果。

规划基地位于长春的东北部，总规划面积约 337 平方千米，包括德惠市米沙子镇镇域及九台市幸福村、隆泉村两村。规划基于长德新区目前的建设情况与自然环境条件，充分考虑城市有序生长、城市职能完善和区域协调发展要求，结合长德新区发展趋势与目标，新区空间结构模式确定为延伸生长与新城建设相结合的复合型模式。

规划确定为"一心、两翼、一谷"。"一心"指生态型综合服务中心，是长德新区空间增长的动力中心。"两翼"即西部的传统产业翼和东部的新兴战略产业翼。"一谷"指沿干雾海河形成的以文化体育、休闲娱乐、会议度假等绿色产业为主的"雾海生态谷"。

总平面图（整合方案）

德国AS&P建筑设计事务所方案

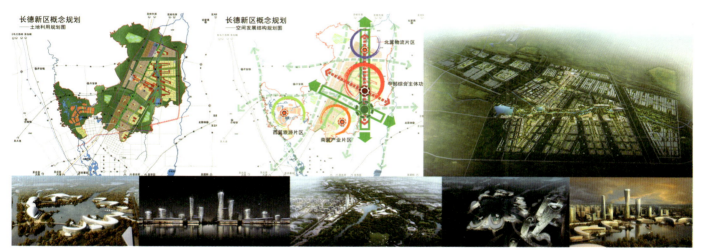

上海复旦规划建筑设计研究院方案

上海同济规划设计研究院方案

Concept Planning Design for Forest Park of Chang Dongbei
长东北森林公园概念性规划设计

编制单位：上海现代建筑设计有限公司
编制时间：2008—2009年

长东北森林公园位于长春市北部，伊通河下游区域湿地，是长春北部入城的重要出入口，成为城市北部的绿色客厅。规划以生态细胞的概念将有机社区的未来生活形式组织在森林公园中。规划以滨河的生态细胞群落为理念，创造出绿荫掩映的生态宜居城市形象，将长东北地区打造为都市旅游集合地。

规划确定"大开放、小封闭"，"城、河、园互动"的空间发展结构。森林公园沿伊通河生态走廊展开，开敞向外；开发区以甲一路为轴线，沿着城市肌理展开；开放式的森林公园内部形成特色主题的内部公园，构成园中园的模式；景观核心积极与文化核心和北湖 CBD 联系互动，"三核共生"，强化并延续长东北生态区结构。

以滨河道路为游览景观主轴，为城市居民提供闲暇的安静场所，而东部的城市活力轴则承担起日常生活、工作等城市职能，双轴分工明确，动静结合，共进发展。

总平面图

旅游规划图

Regulatory Detailed Planning for Changchun Airport Bonded Logistics Park
长春市空港保税物流园区控制性详细规划

编制单位：长春市城乡规划设计研究院
编制时间：2007年

总平面图

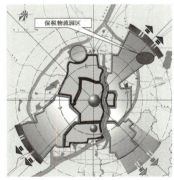

区位图

空港保税物流园区是长东北新城重要的功能区。2006年初，为促进省域、市域的经济发展，落实总体规划确定的西南、东北两大产业发展方向，时任吉林省省长王珉提出依托长春市龙嘉国际机场建设空港经济区，并于2006年3月确定了空港经济区的范围，明确了空港经济区的五大经济功能，其中重点突出了物流功能。

空港保税物流园区位于长春市经济技术开发区北区，具体范围为绕城高速公路以东、长吉铁路以南、机场路以北区域，规划总用地面积4.89平方千米。

本规划采用"一心、两区"的空间结构。"一心"指机场路与园一街交会处的海关监管服务中心。"两区"指以乙三路为分界，

乙三路以南的保税物流加工区和以北的普通物流区。

综合保税区具有加工、物流、口岸三大主要功能，具体包括仓储物流、转口贸易、国际采购、分销和配送、国际中转、检测和售后服务维修、商品展示、研发/加工/制造、港口作业和海关允许的其他业务等九项业务。针对长春兴隆综合保税区特点，将以上九项业务具体归类为保税加工、保税物流、口岸物流、生产性和流通性服务贸易四大功能。保税物流中心具备"境内关外"的政策优势，能圆满解决当前加工贸易结转机制中不合理环节，可以提高通关速度，减少通关成本。通过创造良好的物流发展环境和培育现代物流新兴产业，带动物流产业上下游服务配套，促进物流产业集聚，提升周边地区的整体经济利益，对地方经济发展作用巨大。

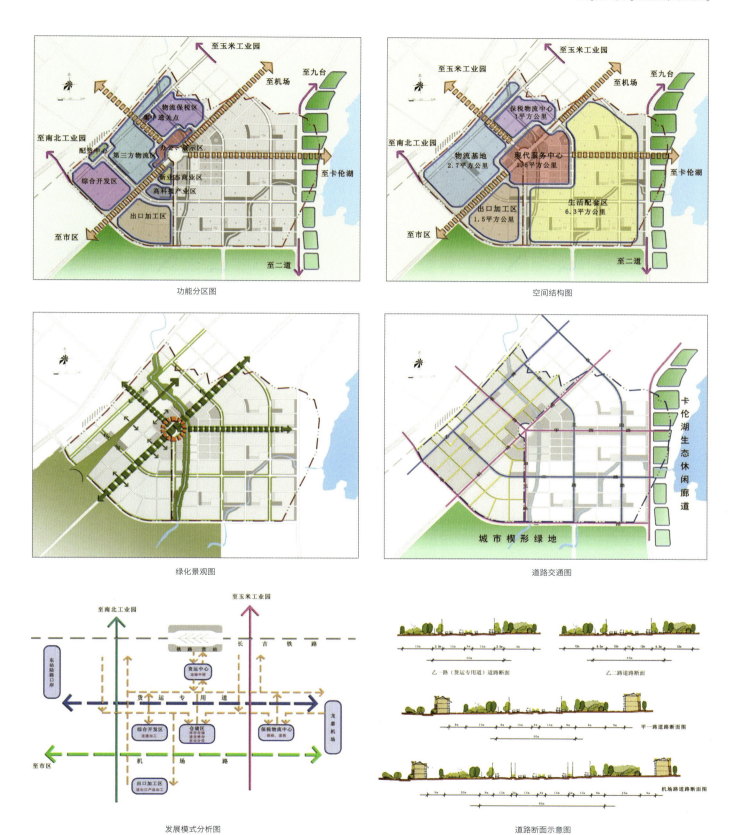

功能分区图

空间结构图

绿化景观图

道路交通图

发展模式分析图

道路断面示意图

Urban Design for Xinglong New City of Changchun
长春市兴隆新城城市设计

编制单位：上海艾艾建筑设计咨询有限公司
编制时间：2010年

总平面图

兴隆新城地处长春市经开北区兴隆山镇，在空港保税物流园北侧，是长东北新城重要的发展空间，占地面积为25平方千米。规划综合分析兴隆新城的发展条件，其具体功能定位为：长春市东部现代服务业集聚区、长东北核心区的产业服务基地、经开区中部城市公共活动中心、生态园林化和谐宜居示范新城。

规划确定兴隆新城的整体功能结构为：十字构架、核心引领；功能集聚、南北通透；黄金绿廊、东西辉映；纵横网络、和谐新城。规划沿南北向的中央景观轴线布置经开区政府办公大楼、市民活动中心、新城入口市政广场等重要的公共设施，打造基地的公共中心，提升城市品质和土地价值。沿101省道东西向

的城市发展轴布置主要的办公、商业及服务业设施，强调功能的复合性，构造优美的城市外部界面，形成一条充满活力的城市"脊梁"。在中央行政广场向两侧拓展一条中央景观轴线，东侧的轴线两侧以住宅建筑围合，西侧轴线两侧以办公用地包围，通过将绿化空间集中的方法营造中央开敞空间，提升两侧土地价值。

兴隆新城将大力发展配套服务业，全力打造兴隆商圈，形成先进制造业与现代服务业共同发展的局面。独具特色的"东园、中园、西园"发展蓝图，将使兴隆新城成为现代化滨湖新城、高端商住新区、高品质中央生活区和机场大道上的璀璨明珠。

中园
高端化
商住新区

西园
高品质中央
生活区

东园
现代化滨湖
生态新城

规划基地

经开区

兴隆新城

区位图

图例

结构图

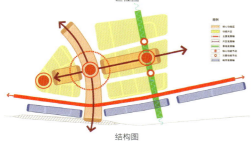

International Consulting for Changchun Global Auto Town Development Planning
长春市国际汽车城发展建设规划国际咨询

编制单位：德国AS&P建筑设计事务所、美国史密斯建筑设计咨询有限公司、日本博亿达设计事务所、上海同济城市规划设计研究院和长春市城乡规划设计研究院联合体
编制时间：2006年

长春汽车产业开发区是 2005 年 9 月 29 日经吉林省政府批准成立的省级开发区。它的成立强化了西南工业区的汽车及其相关产业的职能。将成为中国三大汽车产业基地，零部件生产、出口基地和汽车贸易、研发中心。2010 年底，经国务院批准，汽开区正式升级为国家级开发区，更名为"长春西新经济技术开发区"。2012 年 10 月 31 日，经国务院批复，开发区正式更名为"长春汽车经济技术开发区"。更名后的汽车区，将突出开发区汽车工业特征，建设独具特色的汽车产业集群，打造世界级汽车产业基地，成为汽车经济"特区"。

2006 年，汽开区管委会开展了长春市国际汽车城发展建设规划国际咨询，德国 AS&P、美国史密斯、日本博亿达、上海同济城市规划设计研究院和长春市规划院联合体参与投标，德国 AS&P 方案为中标方案。

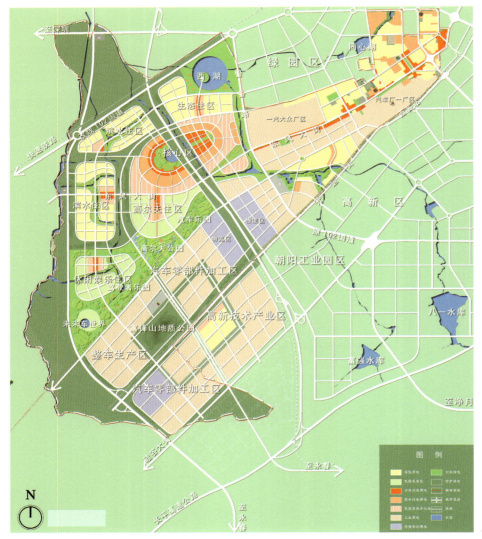

总平面图

核心区用地规划图

核心区城市设计平面图

商业金融用地
居住用地
文化设施用地
教育科研用地
市政设施用地
体育用地
公共绿地
水域
道路广场用地

上海同济大学规划院和长春市城乡规划设计研究院联合体方案

方案强调布局的生态性、功能复合性、形象标志性和实施的渐进性。规划构建以双轴生长为线索，以适应生长的组团式布局加快速路体系形成本区域的空间形态特色，区内北居南工，北部以生活空间为主，南部以生产空间为主，中间以东风大街（汽车历史文化轴线）和绿化带分隔，形成脉络清晰的功能布局。东风大街作为串联新与旧、现在和未来、生活型和生产型的各类公共服务中心的纽带，并将行政办公、商务办公、汽贸会展、文化艺术与绿化广场等相结合，创造良好的新区投资环境。规划延续一汽现有厂区和生活区之间设有防护隔离带的传统，利用现状水系、输油管线的防护绿带，创建一处超大城市带状公园——欢乐谷，其中布局高尔夫公园、驾驶者乐园、汽车乐园等主题公园和展览区。

美国史密斯建筑设计咨询有限公司方案

在现有建成区的基础上，采取渐进推进和跳跃式发展相结合的用地开发方式，最终形成"一心三核两轴"的用地规划结构。"一心"指布局于发展区的中心、东风大街以北的特殊功能区（中心区）。"三核"是指在开发区内设置三个以商业为主要内容的核心区。分别指位于起步区中心位置的东核心区，位于发展区北部、高速客运铁路南侧的北核心区以及开发区西南部、新整车厂附近的西核心区，分别作为相应地域范围内的发展中心。"两轴"分别指南北方向的汽车研发轴线和沿东风大街西南—东北方向的汽车研发轴线。其中，南北方向的研发轴线集中布置汽车研发机构，西南—东北方向的汽车研发轴线则借助东风大街布置研发用地，并在沿街两侧地带利用沿街店面集中布置汽车产品展示、汽车文化娱乐等内容。

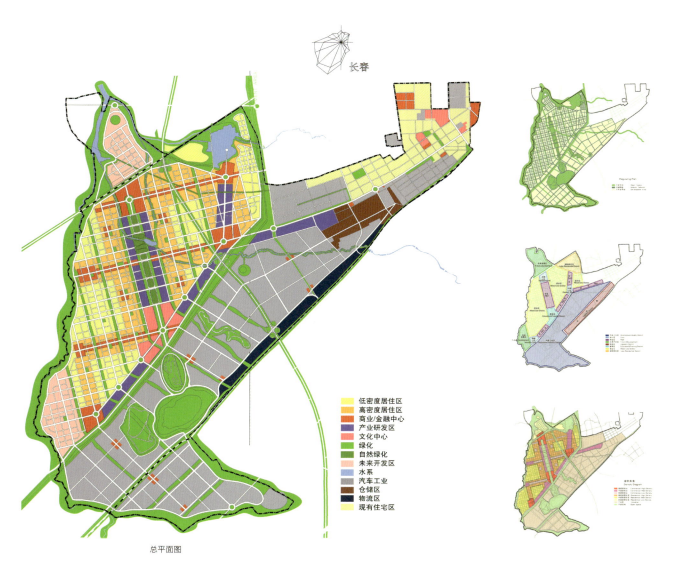

🟨	低密度居住区
🟧	高密度居住区
🟥	商业/金融中心
🟪	产业研发区
🟥	文化中心
🟩	绿化
🟩	自然绿化
🟫	未来开发区
🟦	水系
⬜	汽车工业
🟫	仓储区
⬛	物流区
🟨	现有住宅区

总平面图

保留区
保存区
改造区
工厂区
国际展示及文化综合区
核心区
市民交流区
研发及关联产业生产区
汽车及零部件商业区
零部件生产及仓储物流区
整车工厂区
现代农业区
资源再生工厂区
高级住宅区
联排住宅区
多层住宅区
地质公园
绿色走廊
人造山脉
四季森林
发展预留区
水系

总平面图

日本博亿达设计事务所方案

汽车产业开发区向长春市西南方向延伸的同时，以楔形嵌入长春市街区，与一般性的街区相邻。为防止未来城市生活和工厂功能之间相互冲突，现存工业用地随着汽车产业的发展，将逐渐从街区中心越过高速绿化带向外部区域转移。因此规划提出将现有工厂设施逐渐从市区中心迁出，穿越高速绿化带向西南

方向带状发展的思想，这样就达到了自然流动、产业发展流动与长春市整体发展联动的目的。同时打造了一个人类生活和产业活动活泼互动、灵活发展的产业城市。本规划提出的脉状延伸发展型的构思，确保了 20 年后长春的城市格局的平稳发展。

德国 AS&P 建筑设计事务所方案（推荐方案）

规划构筑了"双心、三翼"的空间结构。"双心"即打造汽车服务中心、汽车文化中心；"三翼"其中南北两翼以工业功能为主，主要为汽车零部件生产基地，部分为整车、改装车生产基地，是现存汽车厂的自然延续。北翼主要布局汽车配件和轻工业功能，南翼主要以整车厂为主。这两条发展"翼"最终连接到物流区和行政中心。中心发展翼主要分布有核心功能和居住功能，核心区主要位于绕城高速公路内侧，承担汽车集中展示和销售、商务办公、研发、教育培训等功能，居住区位于绕城高速公路以外，由四个居住岛组成。

生态建设以区内永春河和西新开河打造生态河为主，并结合"三翼"布局，规划两条楔形绿地伸入区内，为旅游、娱乐、休闲提供良好的场所。

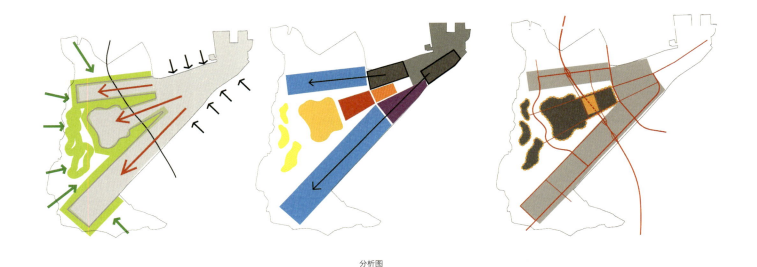

分析图

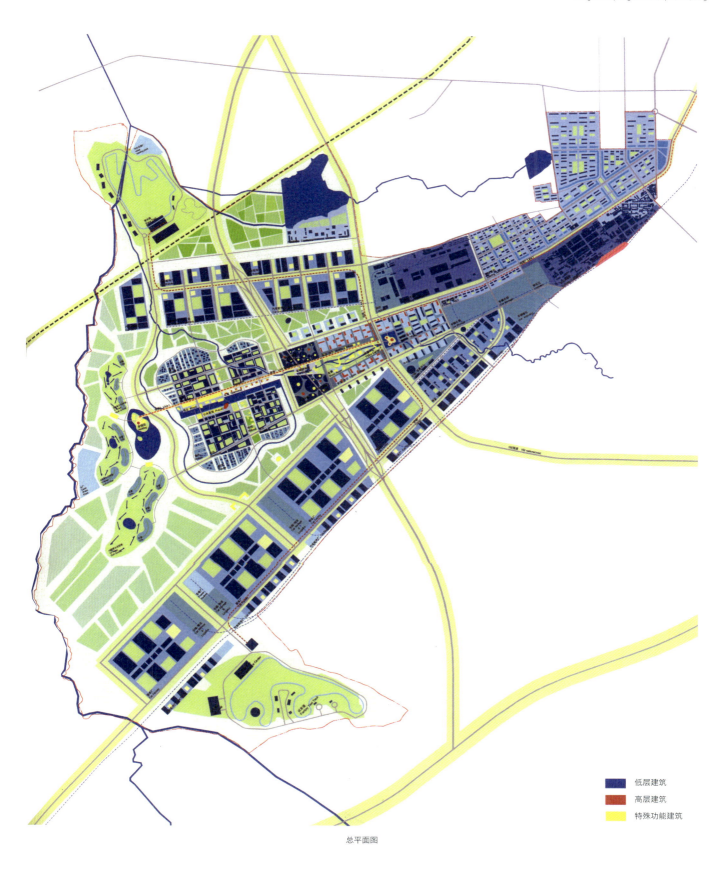

低层建筑

高层建筑

特殊功能建筑

总平面图

Core Area Planning for Automobile Industry Development Zone
长春市汽车产业开发区核心区规划

编制单位：德国AS&P建筑设计事务所
编制时间：2007年

长春市汽车产业开发区核心区位于长春市西部，东风大街以南、腾飞大街以北、绕城高速以东、西湖大路以西，面积约为3平方千米。其方案是对国际汽车城发展建设规划的进一步深化和落实。

规划把自然环境作为吸引人和休闲型的要素引进开发区的开发和建设。开发区的景观被设计成保护生态和可持续发展的元素，以此理念为核心设计的中心生态公园不仅是市民和游客休闲的区域，同时也是将汽车工业与自然有益结合的象征。

核心区是长春汽车产业开发区的中心要素。所有城市设施在这里集中，组成了汽车城的心脏。在这里，配置了一个繁荣城市所具有的各种设施，包括居住、娱乐、购物、酒店、旅游设施，以及公共区域如行政中心、技术学校、会展和其他功能区域。核心区体现的精神集中在汽车工业上，汽车博物馆作为开发区建设的象征，只是体现汽车工业的要素之一，它展现了核心区的独特面貌。结合主轴线布置的汽车展示馆可以作为各品牌汽车的展示店和汽车销售店。游客信息中心、汽车品牌总部，乃至汽车技术学校都体现着核心区与汽车工业的紧密结合。

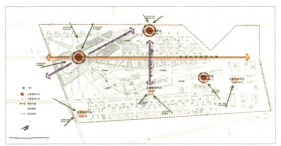
核心区景观系统规划图

核心区绿化系统规划图

核心区道路系统规划图

总平面图

汽车博物馆建设意向图

汽开区核心公园鸟瞰图

Deepening Adjustment Planning Scheme for Outside of the Ring Road of Automobile Industry Development Zone

长春市汽车产业开发区环路外区域规划深化调整方案

编制单位：德国AS＆P建筑设计事务所
编制时间：2008年

2008 年，汽车产业开发区管委会委托德国 AS＆P 公司对开发区环外区域进行概念设计。为保持开发区整体的德国规划设计风格，提升汽开区的整体品质，以建设"欧洲风格的德国城"为目标，方案延续德国 AS＆P 公司中标的"三翼"的空间布局结构，规划对中央生活翼的"居住岛"进行详细的设计，方案中的东风大街和新规划的轻轨线是这个新开发地区与长春城市中心的主要联系纽带。规划构筑了"一主三副"城市中心体系。"一主"是指西南部城市中心，"三副"是指沿轨道交通线路规划的文化、娱乐、创意三个副中心。"居住岛"通过向两侧延展的绿化廊道与两侧楔形生态空间有机结合。

规划总平面图

道路交通规划图

开发强度规划图

建筑功能规划图

Concept Planning for the West Lake Area of Automobile Industry Development Zone
长春市汽车产业开发区西湖片区概念规划

编制单位：上海法奥设计有限公司
编制时间：2008年

西湖片区位于汽开区的中北部，在汽开区核心区的北侧，西邻绕城高速，东为西客站区域，是以西湖为核心的生态良好区域。规划秉承"这是一座都市公园，更是一座公园中的都市"这一规划理念，由德国设计师执笔，将欧洲风情的居住、商业、旅游、休闲生活与自然环境有机地组织在一起，7.85平方千米的社区以

1平方千米的西湖和1.52平方千米的德国风情小镇为核心，以1.57平方千米的生态绿地为环，以10千米的天然河道为轴线，形成钻石圈层放射式结构，将公园外围3.41平方千米的四个不同建筑风格的大型居住组团，及东北角的市民中心紧密联系起来，创造出"城中有园，园中有城"的崭新生活模式。

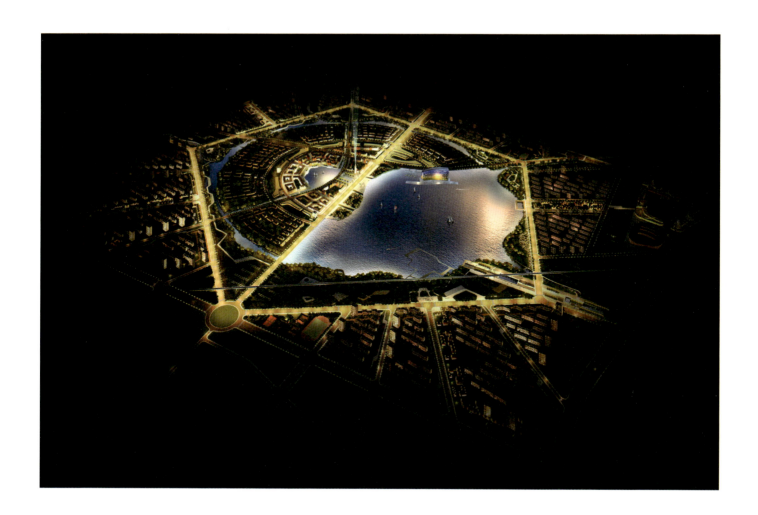

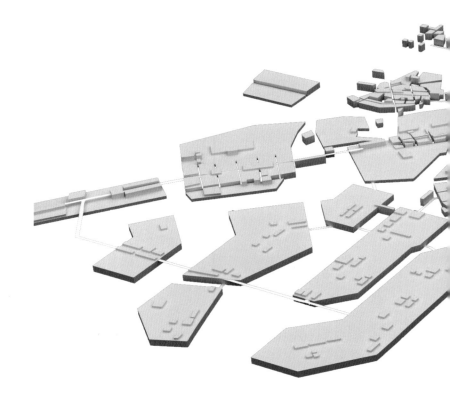

The Legal Planning
法定规划

Comprehensive Planning of Changchun City
长春市城市总体规划
2011—2020

综述

城市总体规划是指导城市建设和发展的法定蓝图，是城市建设管理的重要依据。新中国成立之后，2003 年之前，长春市先后编制了 1953 版、1980 版、1996 版三版总体规划。

随着长春市城市的快速发展，2003 年长春市提前完成了《长春市城市总体规划（1996—2010）》所确定的主要建设和发展目标。同时，党的十六大提出了全面建设小康社会的宏伟目标，并做出振兴东北老工业基地的战略决策，长春市政府认真总结了现行总体规划实施情况，针对存在问题和面临的新形势，决定对城市总体规划进行修编，后报请国家并得到了批准。

长春市于 2004 年正式启动了新一轮总体规划的修编工作，2006 年经省政府上报国务院批准，在与国务院和国家各部委沟通修改期间，国家先后于 2007 年和 2008 年批复实施了《东北地区振兴规划》和《中国图们江区域合作开发规划纲要——以长吉图为开发开放先导区》，这对长春市的发展提出了全新的要求，总体规划也因此作出相应的调整。

2011 年 12 月 26 日，国务院批复了《长春市城市总体规划（2011—2020）》，为新时期快速发展的长春提供了有效指引和法律保障。

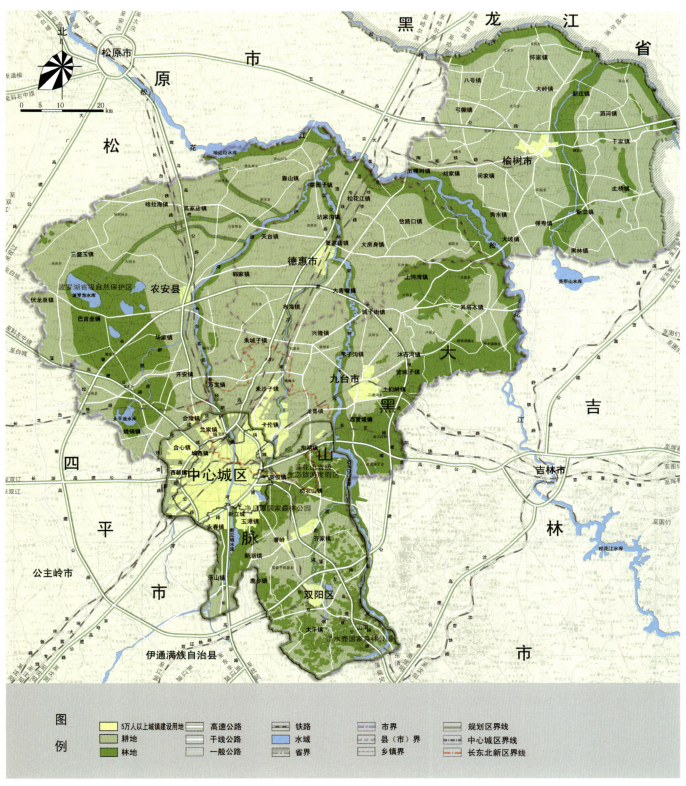

中华人民共和国国务院

国函〔2011〕166 号

国务院关于长春市城市总体规划的批复

吉林省人民政府：

你省关于报批长春市城市总体规划的请示收悉。现批复如下：

一、原则同意修订后的《长春市城市总体规划（2011 2020 年）》（以下简称《总体规划》）。

二、长春市是吉林省省会、东北地区中心城市之一。我国重要的工业基地城市。要以科学发展观为指导，遵循城市发展客观规律，坚持经济、社会、人口、环境和资源相协调的可持续发展战略，统筹做好长春市城乡规划、建设和管理的各项工作。要按照合理布局、集约发展的原则，推进经济结构调整和发展方式转变，不断增强城市综合实力和可持续发展能力，完善公共服务设施和城市功能，加强城市生态

经济和社会发展规划，明确实施《总体规划》的重点和建设时序。城乡规划行政主管部门要依法对城市规划区范围内（包括各类开发区）的一切建设用地与建设活动实行统一、严格的规划管理。切实保障规划的实施。市级城市规划管理权不得下放。要加强公众和社会监督，提高全社会遵守城市规划的意识。驻长春市各单位都要遵守有关法规及《总体规划》，支持长春市人民政府的工作，共同努力，把长春市规划好、建设好、管理好。

长春市人民政府要根据本批复精神，认真组织实施《总体规划》。任何单位和个人不得随意改变。你省和住房城乡建设部要对《总体规划》实施工作进行指导、监督和检查。

二〇一一年十二月二十六日

一、编制的思路和方法

本轮城市总体规划修编的总体思路是：坚持以"全面、协调、可持续"的科学发展观为统领，以构建社会主义和谐社会为目标，以《东北地区振兴规划》、《中国图们江区域合作开发规划纲要——以长吉图为开发开放先导区》、《吉林省城镇体系规划》为指导，从当前存在和未来发展可能面临的问题入手，关注城市空间布局对区域经济发展、产业结构优化和社会进步的支撑；研究城乡统筹规划和协调发展的思路，努力破解城乡"二元结构"问题；以建设"绿色宜居"城市为目标，提出城乡生态保护和建设的策略，构筑整体的城乡生态空间结构；以公共交通为导向，适应城市机动化的发展趋势，构筑城市综合交通体系；适应城市扩大和多元化的进程，创造分区发展和城市整体发展共赢的局面；延续城市格局，保持城市传统风貌，创造良好的城市空间环境；适应地方资源特点的能源约束条件，建设完善的基础设施支撑体系。

为了更好地完成新一轮城市总体规划修编工作，按照建设部和省建设厅要求，长春市政府采取了"政府组织、专家领衔、部门合作、公众参与、科学决策、依法办事"的编制方法，并加

强了四个方面的工作：

1. 开展了系统的规划前期研究

2003 年，市政府委托中国城市规划设计研究院开展了《长春市城市空间发展战略研究》，对涉及长春市区域地位、产业优势、空间布局等重大问题进行了深入的分析论证。同时，针对城市总体规划修编要解决的问题，从空间战略研究、市域城市体系、城市总体规划三个方面进行了 36 个专题进行研究。客观分析制约条件和制约因素，着重解决城市的承载能力，解决资源保护、生态建设、重大基础设施建设等城市发展的主要问题。

2. 采用合作式规划的方式

委托国内知名的规划设计单位共同承担规划研究和编制任务。设计单位包括中国城市规划设计研究院，北京清华城市规划设计院，东北师范大学城市环境学院和长春市城乡规划设计研究院。其中，中国城市规划设计研究院负责规划纲要编制和总体牵头工作；北京清华城市规划设计院负责整体城市设计和城市紫线规划；东北师范大学城市环境学院负责市域城镇体系规划；长春市城乡规划设计研究院负责所有成果汇总、申报和完善。各承编单位充分发挥了自己的优势，使本轮规划作到了兼收并

市域综合交通规划图

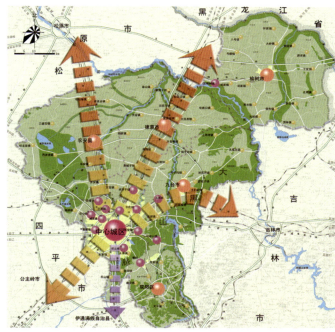

市域空间结构规划图

蓄、取长补短。

3. 进行了开放式规划的尝试

在新一轮城市总体规划修编过程中，我们广泛征求各部门、城区和开发区，尤其是通过新闻媒体公开征求社会各界对总体规划的意见，积极引导公众参与规划，使整个修编过程始终处于社会各界的参与之中，不断得到充实和完善，增强了规划的科学性和前瞻性。

4. 加强对修编工作的指导和协调

各修编单位通力协作，互相支持，工作中勇于探索，敢于创新，使修编工作在时间紧、任务重的情况下，按时完成。市人大城环委始终参与了修编工作的全过程，及时督促并指导，对修编工作给予大力支持，保证了修编工作顺利进行。

二、新一轮城市总体规划的特点及规划重点

（一）新一轮城市总体规划的特点

1. 落实城乡规划法要求，补充完善相关内容

新城乡规划法于 2008 年 1 月 1 日颁布实施，对城市规划编制、管理和实施均提出了新的要求。本轮城市总体规划在编制范围、编制内容等方面均针对规划法的要求进行了调整、补充和完善，遵循城乡统筹、合理布局、节约土地、集约发展和先规划后建设的原则，在改善生态环境，促进资源、能源节约和综合利用，保护耕地等自然资源和历史文化遗产，保持地方特色和传统风貌，防止污染和其他公害等方面着重进行了规划，同时符合区域人口发展、国防建设、防灾减灾和公共卫生、公共安全的相关需要。

2. 贯彻城乡统筹发展思想，促进区域协调发展，实现规划区范围内全覆盖规划

规划区是规划法规定的制定和实施城乡规划的法定范围，新一轮城市总体规划将城市规划区确定为本轮总体规划重点。在规划区进行全面规划有利于打破城乡二元发展结构，构建城乡一体，统筹协调发展，有利于建立完善的城乡体系设施、系统，有效利用未来城市扩展空间，实现城市可持续发展，同时又是城市规划管理部门依法行政的基础和完善行政许可的重要条件。根据不同区域的发展特征、资源禀赋及生态环境承载能力按照"一城、一区、八组团、十镇区"四个层次组织规划区范围内城镇发展空间，并实施分类指导；根据规划区内自然资源分布情况，合理划定农业保护用地、水源保护用地、环城绿地、风景名胜区用地、自然生态用地、城市远景发展预留地、城镇建设用地、

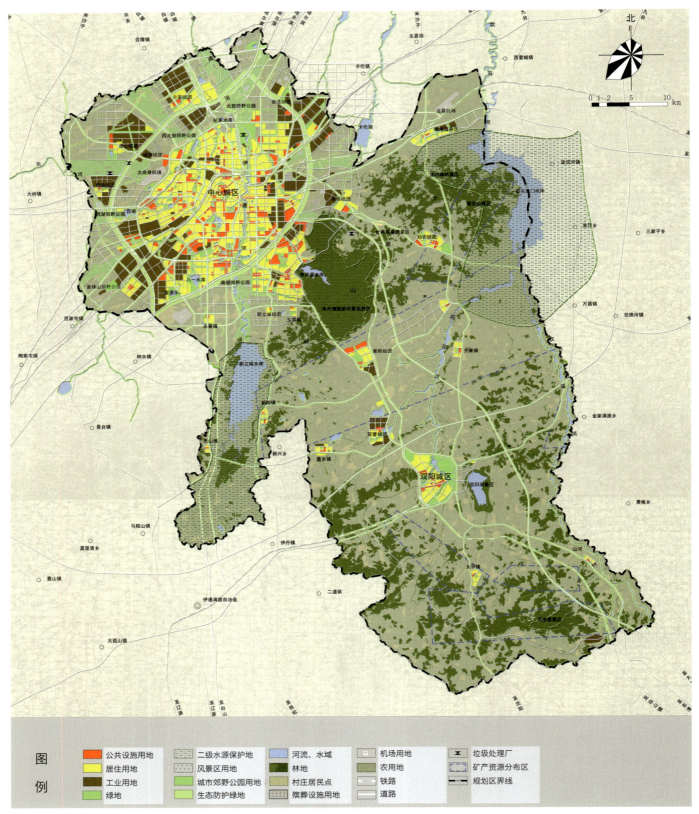

规划区城镇建设用地规划图

图例

公共设施用地　二级水源保护地　河流、水域　机场用地　垃圾处理厂
居住用地　风景区用地　林地　农用地　矿产资源分布区
工业用地　城市郊野公园用地　村庄居民点　铁路　规划区界线
绿地　生态防护绿地　殡葬设施用地　道路

基础设施用地、其他用地等九类用地，并根据不同土地发展需要，确定规划区范围内建成区、可建设区、限制建设区、禁止建设区四种空间管制类型，有效地保护了自然资源、预留了城市发展空间。

3. 加强分区建设引导，明确分区权利与义务

规划将分区建设规划作为总体规划的重要组成部分，以适应长春市"一级规划、二级管理、三级建设"的管理方式，在考虑城市整体发展的前提下，吸纳各城区、开发区的意见，充发挥各级建设主体对城市发展所起积极作用。本次规划对中心城区范围内各城区制定发展和建设指引，明确各分区发展定位和主要的建设要求，明确城市公共设施、市政设施以及绿地等建设任务及指标，明确各行政区建设主体的权利及义务，突出总体规划对各行政分区规划的调控与引导。

4. 构筑开放的规划结构和交通体系，实现城市近远期协调发展

本轮城市总体规划是在大量的系统的前期研究基础上展开的，特别是对城市远景发展进行了战略性的构想，对城市远景发展结构、交通体系和基础设施支撑体系的构建有了较为明确的判断。本轮总体规划所确定的城市结构和道路交通系统是在战略规划指导下的开发的、可延展的开发式体系，使城市近期和远

景发展能够在同一个平台上协调展开，有效避免了重复建设等现象的发生。

5. 注重生态环境保护，着力构建绿色宜居城市

长春市具有良好的生态资源基础，东南部大黑山脉孕育了亚洲最大的人工次生林—净月潭森林公园、以及莲花山、新立城水源涵养林等大型生态绿地。本次总体规划以建设绿色宜居城市目标，以风景名胜区、森林、湿地和郊野公园绿化为重点，以河流道路绿化和楔形绿地为骨架，重点将城市区域生态及环境保护作为规划重点，将外围区域生态系统融入城市当中。依托伊通河、新开河、西部串湖、永春河、小河沿子河等得穿城水系建立绿色廊道和滨水风光带；依托道路、线廊形成绿网；新增大块的公园和绿地，提高城市环境质量，着力打造绿色宜居城市。

（二）规划重点

结合长春城市具体特点和发展中面临的问题，本次规划重点研究东北地区振兴和中国图们江发展战略下的区域协调发展、市域城乡统筹、城市生态安全、城市空间形态与结构等，同时优化综合交通网络系统，完善区域基础设施。

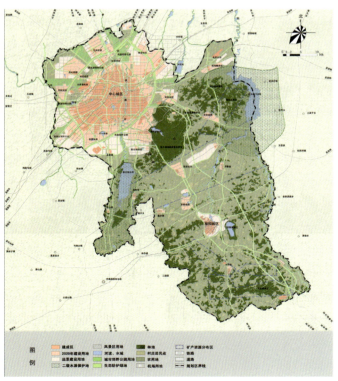

规划区城镇建设用地远景规划图

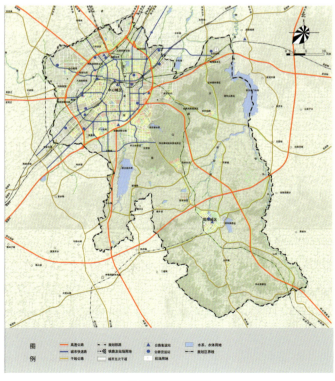

规划区综合交通规划图

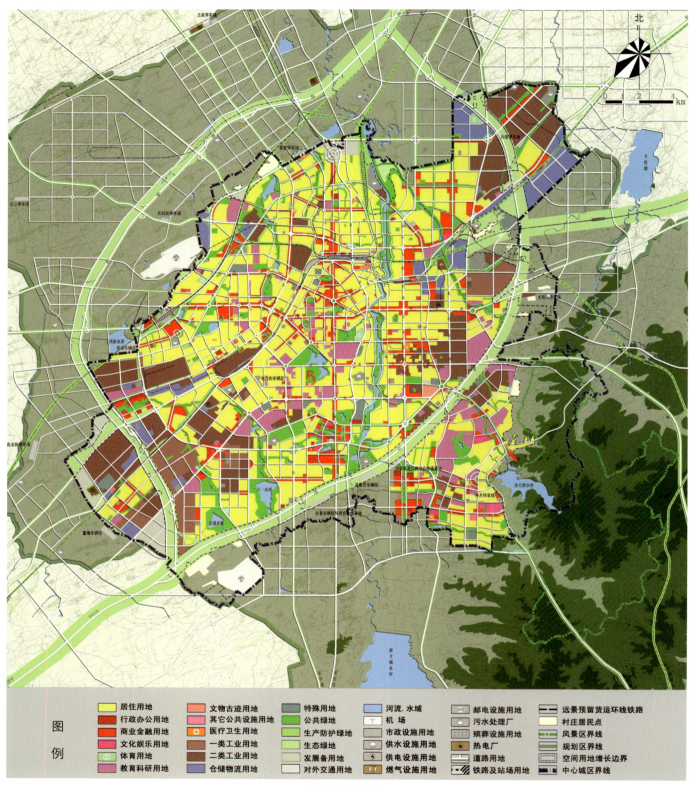

北

图
例

居住用地	文物古迹用地	特殊用地
行政办公用地	其它公共设施用地	公共绿地
商业金融用地	医疗卫生用地	生产防护绿地
文化娱乐用地	一类工业用地	生态绿地
体育用地	二类工业用地	发展备用地
教育科研用地	仓储物流用地	对外交通用地

河流.水域	邮电设施用地	远景预留货运环线铁路
机 场	污水处理厂	村庄居民点
市政设施用地	殡葬设施用地	风景区界线
供水设施用地	热电厂	规划区界线
供电设施用地	道路用地	空间用地增长边界
燃气设施用地	铁路及站场用地	中心城区界线

中心城区用地规划图

中心城区公共服务设施规划图

中心城区绿地系统规划图

三、规划主要内容

（一）城市发展目标

遵循可持续发展战略，统筹工业化、城镇化、农业现代化发展，增强城市综合辐射能力；转变经济发展方式，持续扩大传统优势产业，发展战略性新兴产业；加大对外开放力度，搭建国际经济、文化交流合作平台，形成区域开发与国际合作的新格局；持续改善民生，完善社会保障体系，保证社会和谐稳定。规划期末将长春市建设成为经济发达、社会和谐、科学进步、资源节约、环境优良的绿色宜居城市。

（二）城市性质

长春市是吉林省省会，东北地区中心城市之一，全国重要的工业基地城市。

（三）城市规模

2020 年长春市域总人口控制在 950 万左右，城镇实际居住人口控制在 650 万左右，城镇化率约为 68%；中心城区实际居住人口控制在 425 万左右，中心城区建设用地规模达到 445 平方千米，人均建设用地 105 平方米。

（四）规划区发展规划

统筹经济社会、资源和生态环境的协调发展，根据不同区域的发展特征、资源禀赋及生态环境承载能力，按照"一城、一区、十一组团、八城镇"四个层次组织规划区范围内城镇发展空间。其中"一城"为中心城区，"一区"为双阳城区，"十一组团"为奋进组团、新立城组团、西新组团、城西组团、合心组团、劝农山组团、奢新组团、双营组团、英俊组团、机场组团、兰家组团，"八城镇"为永春镇、乐山镇、新湖镇、玉潭镇、山河街道、太平镇、鹿乡镇、齐家镇。

（五）中心城区结构调整与优化

中心城区是吉林省政治、经济、文化功能集中区。中心城区在进行必要的外延扩张时，更应注重内部职能结构的调整和优化，以合理的空间容量为前提，适度控制开发强度及开发密度，增加绿地，增加城市开敞空间，改善人居环境。

空间结构：调整优化中心城区空间结构，形成"双心、两翼、多组团"的城市空间结构。疏解城市原中心区部分职能，形成中部和南部两处城市中心。调整中部城市中心职能，重点发展商贸、文化、娱乐等传统服务业；建立南部新中心，引导与支持行政办公、文化体育设施以及金融保险、电子商务等现代服务业在南部新中心相对集聚。顺应城市经济发展的趋势和区域联系的主导方向，发展城市东北、西南两翼。其中城市西南翼形成以汽车、高新产业为核心的城市产业发展空间，东北翼形成以先进装备制造业、生物化工业为核心的城市产业发展空间。

Comprehensive Planning of Township and Village
乡镇总体规划

综述

镇乡规划是法定规划的主要组成部分。在整体战略规划的引导下，在城市总体规划中，国务院重点批准了中心城区的规模和规划区的结构。在规划区内、中心城区以外空间的城市发展意图通过镇乡规划得以实现。

2009 年初，为了进一步贯彻吉林省人民政府《关于加强村镇规划编制工作的意见》，落实战略规划、实施总体规划，促进城乡统筹发展，长春市组织开展了中心城区以外 28 个镇乡总体规划的编制工作。

镇乡规划按照"西产业、东生态、中服务"的整体思路，与中心城区共同塑造了"带型 + 指状 + 星座"的完整空间形态，构建了"一廊、一脉、一带、四城"的空间结构，加快推进"一城、一区、十一组团、八城镇"四个层次的建设。

此次规划解决了以往"就镇乡谈镇乡，镇乡各自为战"的问题，在全面统一的战略思想下明确了 28 个镇乡的职能定位、空间结构、发展方向及建设标准，实现了长春市规划区的规划全覆盖。

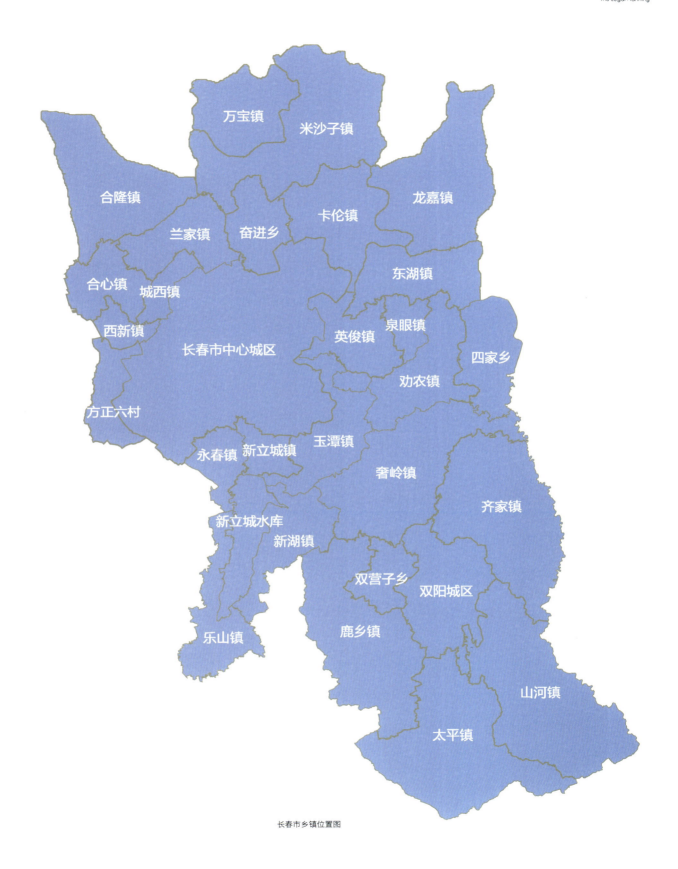

长春市乡镇位置图

Comprehensive Planning for Hexin Town of Changchun City
长春市合心镇总体规划

2011—2020

编制单位：长春市城乡规划设计研究院
编制时间：2012年

乡镇概况：长春市绿园区合心镇位于长春市西北部，距长春市区7.5千米，属城乡结合部。东部与兰家镇为邻，北部与农安县烧锅镇接壤，南部与长春市绿园区城西镇、西新镇相邻。全域面积79.92平方千米。合心镇行政上隶属于长春市绿园区，下辖8个行政村，1个街道办事处。2008年末，全镇总人口22717。

规划期限：近期2011—2015年，远期2016—2020年。

规划范围：包括两个层次：镇域、镇区。镇域包括合心街道办事处及八个行政村，总面积79.92平方千米；镇区包括合心街道、三间村、新立村及新农村，2020年城镇建设用地面积17.09平方千米。其中，规划区与镇域范围一致。

城镇性质：合心镇是国家轨道交通装备制造产业基地，是长春市西部产业走廊中的重要组团，是以轨道客车整车生产、研发、装配、物流等为主的生态型工业城镇。

城镇规模：2015年镇域人口规模7.8万，城镇化水平70.5%。2020年镇域人口规模13.5万，城镇化水平88.89%。2015年合心镇城镇常住人口5.5万，城镇建设用地规模为9.35平方千米，人均建设用地指标170米^2/人；2020年合心镇城镇常住人口12万人，城镇建设用地规模为17.09平方千米，其中村庄贴补城镇建设用地为2.12平方千米，人均建设用地指标142.42米^2/人。

空间结构：规划采用"轴向发展、片区分异"的思路，构建"一心、双轴、两片"的城镇空间布局结构。"一心"是指围绕三间水库打造的公共服务中心；"双轴"是指贯穿镇区南北的集生产、研发、生活服务功能于一体的中央服务轴以及联系生产、生活空间的商贸服务轴；"两片"是指以长白公路为界的北部生产片区及南部生活片区。

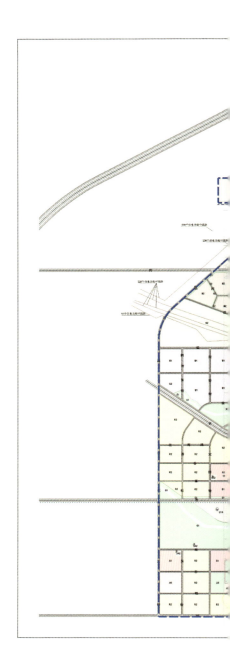

图　例

城镇建设用地布局规划图

镇域等级规模结构及空间结构规划图

绿地系统规划图

Comprehensive Planning for Fenjin Town of Changchun City
长春市奋进乡总体规划

2011—2020

编制单位：长春市城乡规划设计研究院
编制时间：2012年

乡镇概况：长春市奋进乡位于长春市宽城区北部，距离市中心人民广场10千米。规划区范围与行政区划范围一致，总用地面积约95.32平方千米，规划至2020年奋进乡乡驻地常住人口42.5万，乡建设用地规模为44.4平方千米；乡域内中心城区城市常住人口为8.6万，城市建设用地规模为9.0平方千米。

规划期限：近期2011—2015年，远期2016—2020年。

规划范围：本次规划实施全覆盖规划，规划区范围与行政范围一致，即奋进乡全域范围，包括一间、隆西、隆北、兴华、太平5个自然村以及北郊农场、东郊奶牛场（苗苗集团），总面积约95.32平方千米。其中2020年规划乡建设用地面积44.39平方千米。

城镇性质：奋进乡是长东北开放开发先导区的核心区，是全市重要的装备制造、新材料新能源、生物医药产业基地，城市北部重要的生态旅游休闲区。

城镇规模：2015年奋进乡域总人口规模为32.5万，城镇化水平为97.2%；2020年奋进乡域总人口规模为51.1万，城镇化水平为100.0%。2015年奋进乡乡驻地常住人口24.0万，乡建设用地规模为25.2平方千米，人均建设用地指标105.0米^2/人；2020年奋进乡乡驻地常住人口42.5万，乡建设用地规模为44.4平方千米，其中村庄贴补城镇建设用地为6.0平方千米，人均建设用地指标104.4米^2/人。2015年奋进乡域内中心城区城市常住人口7.6万，城市建设用地规模为8.0平方千米；2020年奋进乡域内中心城区城市常住人口为8.6万，城市建设用地规模为9.0平方千米。

空间结构：规划确定了"一心、一翼、一带"的空间结构体系。"一心"是指北湖商务中心，发展金融商务、文化休闲及会展等现代服务业；"一翼"是沿102东北方向发展工业、仓储业、高新技术、教育科研等产业翼；"一带"是指伊通河生态景观带，并通过一带串联长东北城市生态湿地公园和长东北森林公园，共同构建北部生态旅游休闲区。

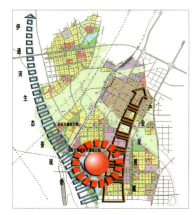

结构规划图

绿地系统规划图

道路体系规划图

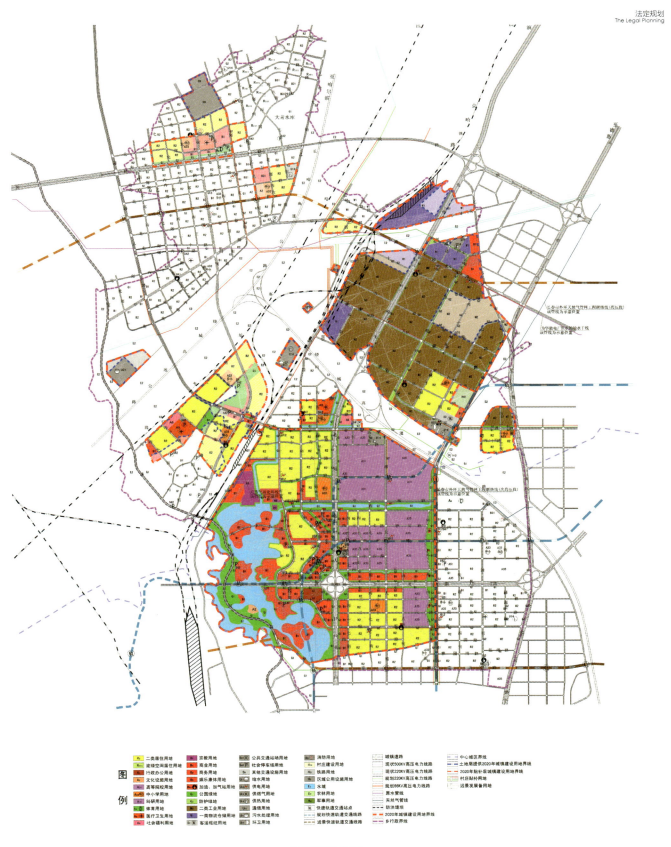

城镇建设用地规划图

Comprehensive Planning for Luxiang Town of Changchun City
长春市鹿乡镇总体规划

2011—2020

编制单位：长春市城乡规划设计研究院
编制时间：2012年

乡镇概况：长春市双阳区鹿乡镇位于长春市南部，西与四平地区接壤，是双阳区下辖的五个乡镇之一，紧邻双阳城区，是著名的"中国梅花鹿之乡"。包括18个行政村，总面积为273.2平方千米。

规划期限：近期2011—2015年，远期2016—2020年。

规划范围：包括两个层次：镇域、镇区。镇域包括18个行政村，总面积为273.2平方千米；镇区2020年城镇建设用地规划面积为1.43平方千米。其中，规划区与镇域范围一致。

城镇性质：鹿乡镇是中国北方重要的梅花鹿生产、研发、集散基地，全市重要的生态旅游区，具有北方特色的生态型城镇。

城镇规模：至2015年，镇域总人口达到4.2万，其中非农业人口达1.05万，农业人口达3.15万，城镇化水平达到25%；至2020年，镇域总人口达到4.0万，其中非农业人口达1.4万，农业人口达2.6万，城镇化水平达到35%。至2015年鹿乡镇区人口约0.8万，用地1.14平方千米左右，人均用地面积约140平方米；至2020年，鹿乡镇规划人口约1.2万，用地规模1.43平方千米左右，人均用地面积约120平方米。

空间结构：鹿乡镇的空间结构为"一主、三副、两轴"。"一主"指鹿乡镇区，是全镇的政治、经济、文化、服务主中心；"三副"指镇域内规划确定的三个中心村为副中心，即鹿乡村、石溪村和黑顶子村公共服务中心，辐射和带动周边基层村的发展。"两轴"指依托大刘公路形成鹿产品加工及商贸业发展轴，依托奢黑公路形成生态旅游业发展轴。

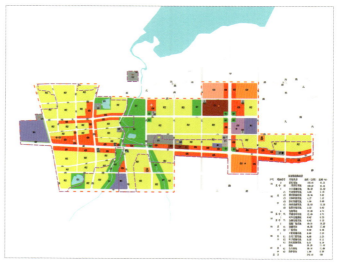

镇区远景用地布局规划图

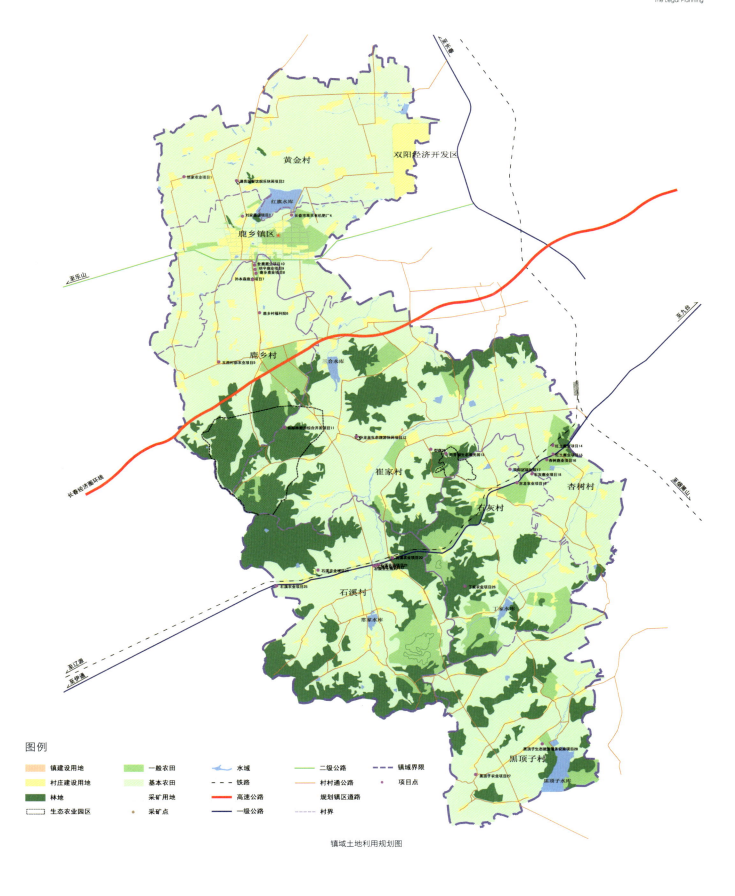

黄金村

双阳经济开发区

至长春

鹿乡镇区

至乐山

鹿乡村

至九台

崔家村

杏树村

石灰村

长春经济圈环线

石溪村

至江源
至伊通

黑顶子村

图例

镇建设用地	一般农田	水域	二级公路	镇域界限
村庄建设用地	基本农田	铁路	村村通公路	项目点
林地	采矿用地	高速公路	规划镇区道路	
生态农业园区	采矿点	一级公路	村界	

镇域土地利用规划图

Comprehensive Planning for Quannongshan Town of Changchun City
长春市劝农山镇总体规划

2011—2020

编制单位：长春市城乡规划设计研究院
编制时间：2012年

镇域土地利用规划图

镇域旅游发展规划图

镇域空间结构规划图

乡镇概况：劝农山镇地处长春市东部，位于长春莲花山生态旅游度假区的中心地带，地理坐标为东经125°38′，北纬43°49′。镇域东与四家乡毗邻，西与泉眼镇毗邻，北与龙嘉机场接壤，南与净月开发区、双阳区相邻，东自由大路、劝农山大街、净莲大街横贯镇域。全域面积124.26平方千米。劝农山镇辖同心、太安、东风、腰站、兰家、联丰、四刘、龙王、林山、钱家等10个行政村。2010年末，全镇总人口20811人。

规划期限：近期2011—2015年，远期2016—2020年。

规划范围：包括两个层次：镇域、镇区。镇域包括劝农街道办事处及10个行政村，总面积124.26平方千米；镇区包括劝农街道及东风村、兰家村、腰站村的一部分，2020年城镇建设用地面积12.36平方千米。其中，规划区与镇域范围一致。

城镇性质：长吉图区域的生态旅游城镇，长春市东部特色风情小镇、生态宜居区和休闲度假基地。

城镇规模：2015年，镇域人口规模7.5万，城镇人口约5.4万，城镇化率为72%。2020年，镇域人口规模为13.9万，城镇人口约11.2万，城镇化率为80.6%。2015年劝农山镇城镇常住人口5.4万，城镇建设用地规模为7.57平方千米，人均建设用地指标140.12米^2/人；2020年劝农山镇城镇常住人口11.2万，城镇建设用地规模为12.36平方千米，人均建设用地指标110.33米^2/人。

空间结构：规划以生态宜居、山水亲合为布局理念，形成"一城分两片，一核带三轴，多区交融"的城镇建设用地空间结构。其中"一城分两片"指整个国际休闲度假区可分为南北两大片区，南片为原劝农山镇区，北片为新增城镇建设区，是国际休闲度假区建设的核心；"一核带四轴"指旅游服务集聚核和四条风情特色街路，集中布局国际休闲度假区的各类旅游服务产业和配套设施；"多区交融"是指各个居住区、生态公园、公共服务中心等功能区相互交融在一起，形成集生态、生活、休闲为一体的多功能有机融合区域。

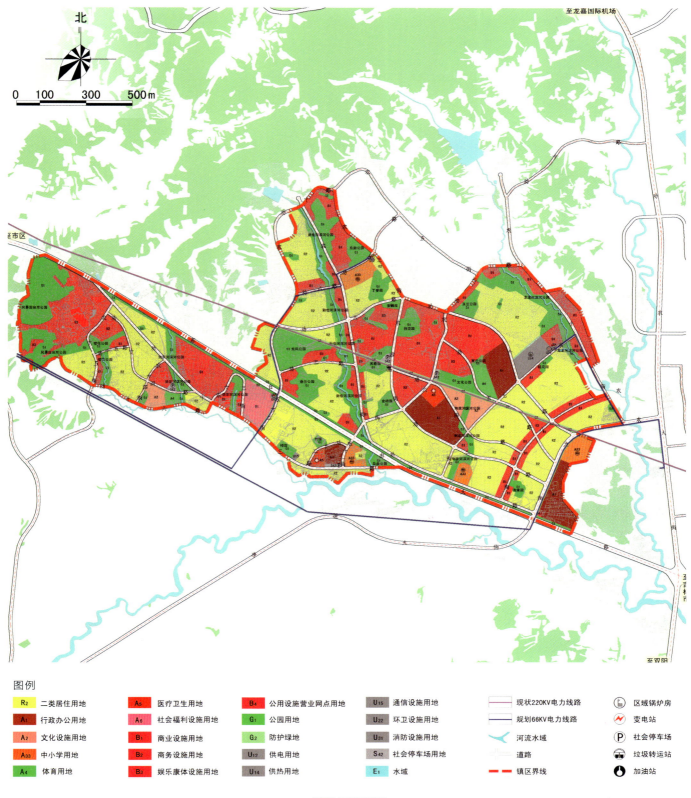

北

0   100   300   500 m

图例

R₂ 二类居住用地	A₅ 医疗卫生用地	B₄ 公用设施营业网点用地	U₁₅ 通信设施用地	现状220KV电力线路	区域锅炉房
A₁ 行政办公用地	A₆ 社会福利设施用地	G₁ 公园用地	U₂₂ 环卫设施用地	规划66KV电力线路	变电站
A₂ 文化设施用地	B₁ 商业设施用地	G₂ 防护绿地	U₃₁ 消防设施用地	河流水域	P 社会停车场
A₃₃ 中小学用地	B₂ 商务设施用地	U₁₂ 供电用地	S₄₂ 社会停车场用地	道路	垃圾转运站
A₄ 体育用地	B₃ 娱乐康体设施用地	U₁₄ 供热用地	E₁ 水域	镇区界线	加油站

镇区土地利用规划图

Regulatory Plan
控制性详细规划

综述

《城乡规划法》明确规定了控制性详细规划是规划编制与实施的重要依据，是规划管理的必要手段。《长春市控制性详细规划》是以城市总体规划、专项规划为指导，在城市规划体系中具有承上启下的功能，是具可操作性的管理依据和法定图则，是城市国有土地使用权出让转让和地价测算的重要依据，没有编制控制性详细规划的地块，不得出让国有土地使用权。

为了深入贯彻落实《中华人民共和国城乡规划法》，依法构建科学完善的规划编制体系，按照《2008年长春市政府工作报告》和《长春市人民政府关于加快完成控制性详细规划编制工作任务的通知》（长府函[2008]94号）的文件要求，由长春市规划局、各城区人民政府和开发区管委会共同组织编制的《长春市中心城区控制性详细规划》。《长春市控制性详细规划》的编制工作于2008年初启动，是长春规划史上编制规模最大、涉及城区最多、涉及专业最广的一次控制性详细规划编制。

为了使《长春市控制性详细规划》编制协调有序地进行，本次控规编制工作坚持"政府统筹、各区联动，突出重点、新旧兼顾，统一标准、建立体系，四个层次、一张蓝图，联合审查、阳光公示，依法修订、动态管理"的整体思路。

Regulatory Plan for Central Area of Changchun City
长春市中心城区控制性详细规划

编制单位：长春市城乡规划设计研究院
编制时间：2012年

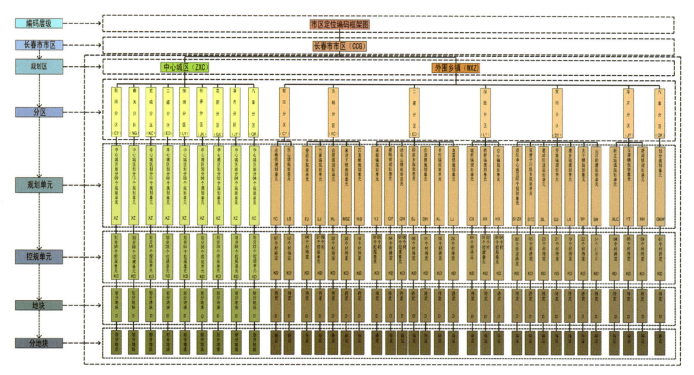

长春市市区规划编制体系

一、规划范围

本次规划完成面积 445 平方千米，涉及朝阳区、南关区、宽城区、二道区、绿园区、经济技术开发区、高新技术开发区、净月经济开发区、汽车产业开发区、南部都市经济开发区以及部分省级开发区。

二、编制标准和体系

为了确保《长春市控制性详细规划》编制的规范、合理，本次规划编制在依据《中华人民共和国城乡规划法》、《城市规划编制办法》及其实施细则、《吉林省控制性详细规划编制技术暂行规定（试行）》以及相关法规和技术规范的基础上，并结合长春市的城市发展建设实际情况，制订了《长春市控制性详细规划编制技术要求》。

《长春市控制性详细规划》采用《长春市市区规划编制与管理体系》确定的空间定位编码系统作为统一的空间定位编码依据，该系统采用 5 个层次编码，即"分区编号 + 行政单元编号 + 控规单元编号 + 地块编号 + 分地块编号"。编码系统采用字母与数字混合编码的方式统一编号：×× 分区（NG、GX、KC、CY、JK、

ED、SY、JY、LY、QK、DH、CB）——行政单元（XZ）——
×× 控规单元（KD）——地块（D）——×× 分地块（FD）。

三、编制方法

本次控规采用"分层编制，分类控制，分项研究"的编制办法
及全过程和全要素相结合的控规编制模式。

分层编制是指按法定文件和技术文件两个层次分别编制和审批，
法定文件包括确定土地使用性质、容积率、绿地率等强制性用
地控制指标；明确基础设施、公共服务设施、公共安全设施的
规模、范围和控制要求；确定黄线、绿线、紫线和蓝线四线的
控制线及控制要求。技术文件包括提出建筑色彩及风格、建筑
退线和交通出入口方位等指导性指标的建议；分类控制是指按

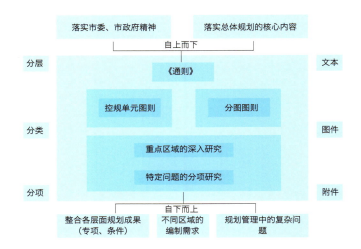

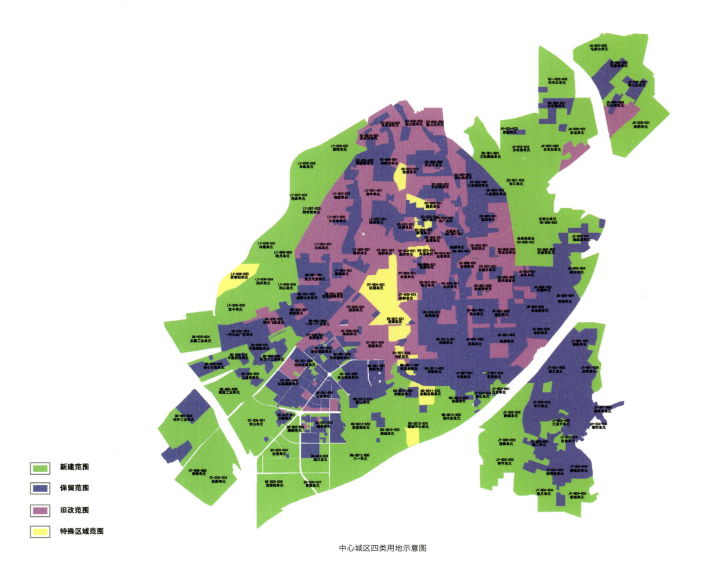

中心城区四类用地示意图

新建范围
保留范围
旧改范围
特殊区域范围

中心城区控规单元编码图

图　例

—— 规划单元界线

—— 控规单元界线

土地的建设程度，将所有建设用地分成"新建区、旧改区、保留区、特殊区"四类，分别提出不同的控制要求和建设指引；分项研究是指控规编制以专题研究和专项规划为依据。

四、规划成果

规划完成了中心城区 445 平方千米建设用地范围内的控制性详细规划编制，具体分为 9 个行政分区、64 个规划单元、152 个控规单元的成果。其中，控规单元是控规编制和报批的基本单元，其成果由文本、图件、说明、图则（含控规单元图则和分图图则）组成，文本和图件是规划管理的法定依据。

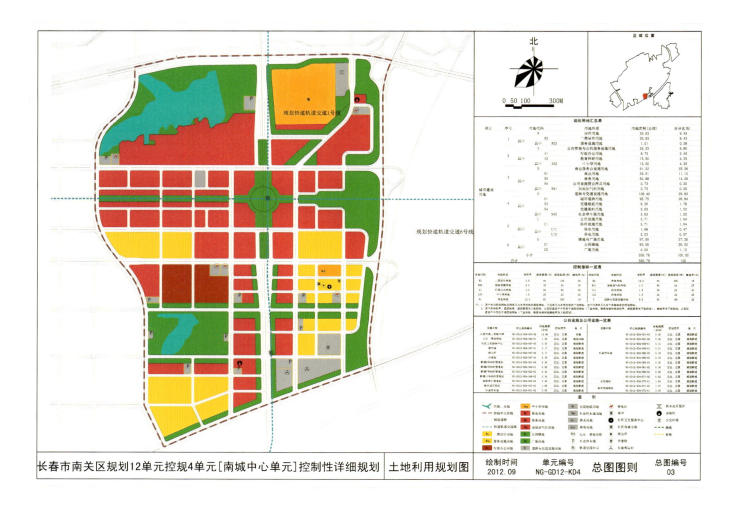

| 长春市南关区规划12单元控规4单元[南城中心单元]控制性详细规划 | 土地利用规划图 | 绘制时间 2012.09 | 单元编号 NG-GD12-KD4 | 总图图则 | 总图编号 03 |

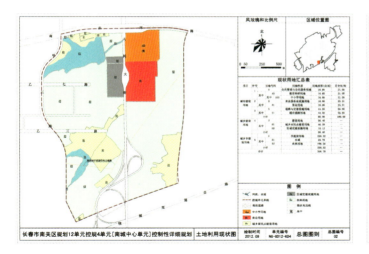

长春市南关区规划12单元控规4单元[南城中心单元]控制性详细规划　土地利用现状图

长春市南关区规划12单元控规4单元[南城中心单元]控制性详细规划　公共服务设施规划图

长春市南关区规划12单元控规4单元[南城中心单元]控制性详细规划　市政基础设施规划图

长春市南关区规划12单元控规4单元[南城中心单元]控制性详细规划　道路体系规划图

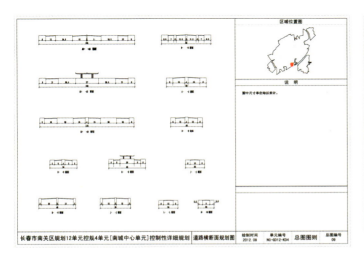

长春市南关区规划12单元控规4单元[南城中心单元]控制性详细规划　道路横断面规划图

长春市南关区规划12单元控规4单元[南城中心单元]控制性详细规划　地块划分定位编码图

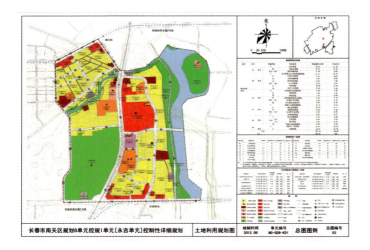

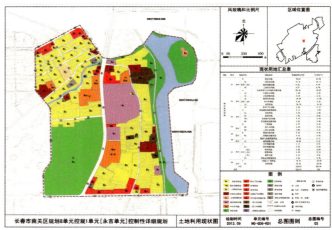

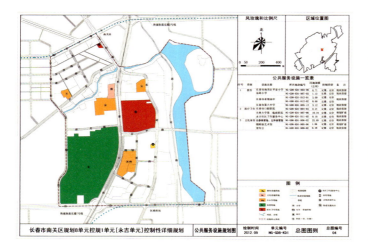

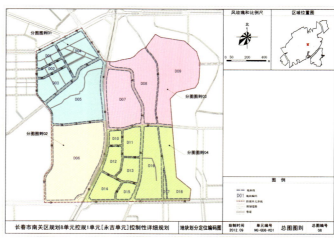

长春市经开区规划5单元控规2单元[毛家北单元]控制性详细规划　土地利用规划图

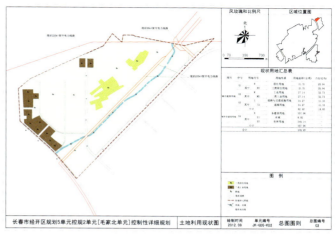

长春市经开区规划5单元控规2单元[毛家北单元]控制性详细规划　土地利用现状图

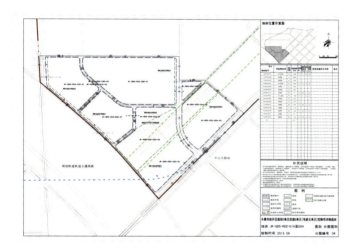

长春市经开区规划5单元控规2单元[毛家北单元]控制性详细规划　分图图则

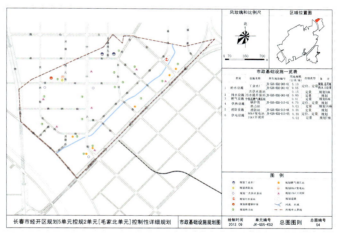

长春市经开区规划5单元控规2单元[毛家北单元]控制性详细规划　市政基础设施规划图

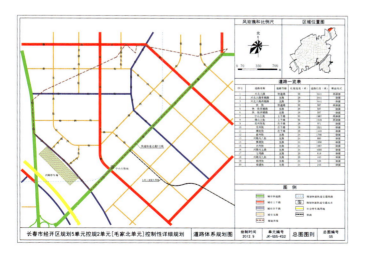

长春市经开区规划5单元控规2单元[毛家北单元]控制性详细规划　道路体系规划图

长春市经开区规划5单元控规2单元[毛家北单元]控制性详细规划　地块划分定位编码图

Conservation Planning of Historic Conservation Area
历史文化街区保护规划

综述

长春市建城史 200 余年，中东铁路建设时期、伪满洲国建设时期、新中国建设时期三个重要的历史时期在长春市留下多个完整的各具特色的历史街区，这些宝贵的历史文化遗产成为记录城市建设发展史的凝固史书。

2007 年至 2009 年间，在市委、市政府的领导下，市规划局组织技术人员对长春市历史街区和历史建筑进行了专题研究，对长春市城市建设历史时期进行了初步划定，通过对 13 个历史街区的深入分析，最终确定了 10 处能够代表长春市历史发展时期的典型历史街区。2010 年 3 月 16 日，吉林省人民政府同意将长春市上报的人民大街、新民大街、伪满皇宫、南广场、第一汽车制造厂、中东铁路宽城子车站等 6 处历史文化街区批准为省级历史文化街区。同年，长春市完成了 6 处历史文化街区保护规划的编制，并于 2010 年 6 月通过了专家论证，成为了长春市历史文化街区保护的重要技术支撑。

2012 年 6 月 8 日，长春市新民大街历史文化街区以其完整的历史格局、独特的历史建筑、完好的历史院落、丰富的绿化体系荣获第四届"十大中国历史文化名街"称号。

1 长春宽城子老城历史文化街区
2 中东铁路宽城子车站历史文化街区（2010年获省政府批准）
3 长春商埠地历史文化街区
4 长春人民大街历史文化街区（2010年获省政府批准）
5 长春新民大街历史文化街区（2010年获省政府批准）
6 伪满皇宫历史文化街区（2010年获省政府批准）
7 长春南广场历史文化街区（2010年获省政府批准）
8 长春电影制片厂历史文化街区
9 第一汽车制造厂历史文化街区（2010年获省政府批准）
10 长春柴油机厂生活区历史街区

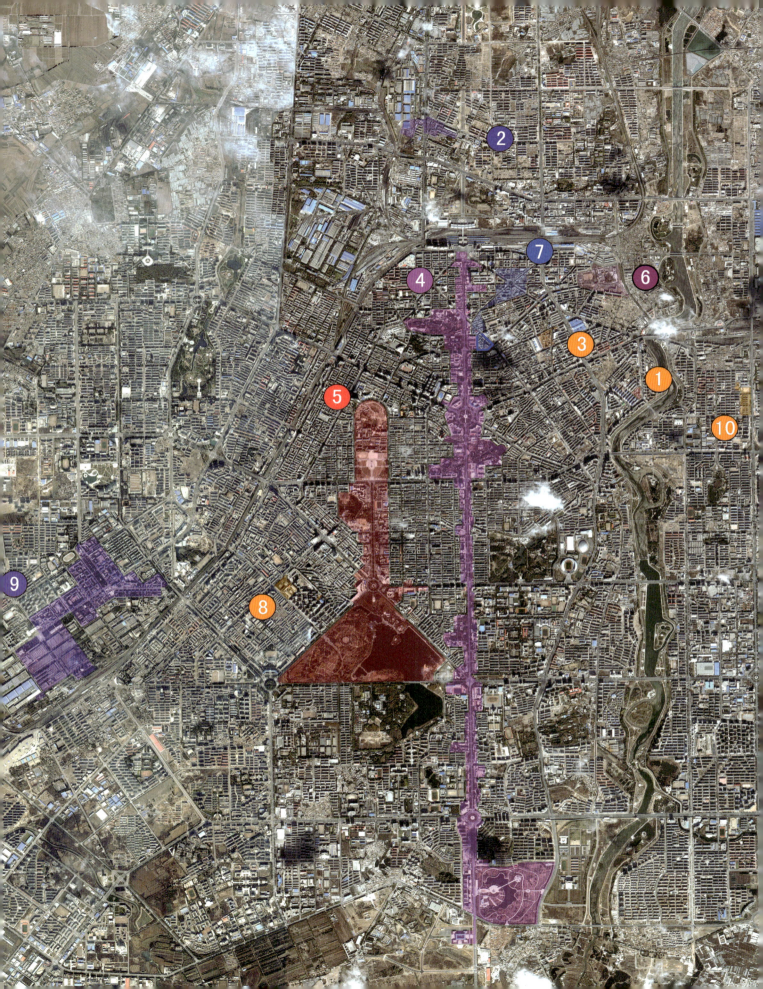

Purple Line of Changchun
长春市城市紫线划定

编制单位：长春市城乡规划设计研究院
编制时间：2006—2007年

2004年，配合新一轮的《长春市城市总体规划》修编，长春市规划部门与清华大学的近代建筑史专家配合，进行了长春城市历史文化及城市紫线划定的研究工作，编制完成了《长春市近代建筑调查表》、《历史建筑保护研究》等成果。在此基础上，规划部门于2006年形成《公布保护历史建筑及紫线划定》，并向长春市政府进行了工作汇报。2007年4月16日市政府批准发出了《长春市人民政府关于公布保护（第一批）历史建筑名录的通知》，内容包括了99处237栋历史建筑。

《长春市紫线划定规划》依据2004年2月1日起实行的《城市紫线管理办法》（中华人民共和国建设部令 第119号）编制，将长春市现存历史价值较高、保存较完整的历史建筑及其集中区纳入城市紫线。规划将保护对象划分为历史街区、保护区、历史建筑三类。在划定紫线范围时，将原建筑群现存的组成部分划入到保护范围内，对于规模较大的历史建筑和建筑群，即使没有纳入到单独的保护区，也要根据现状划定"核心地段"、"建设控制地带"以及"风貌协调区"等。

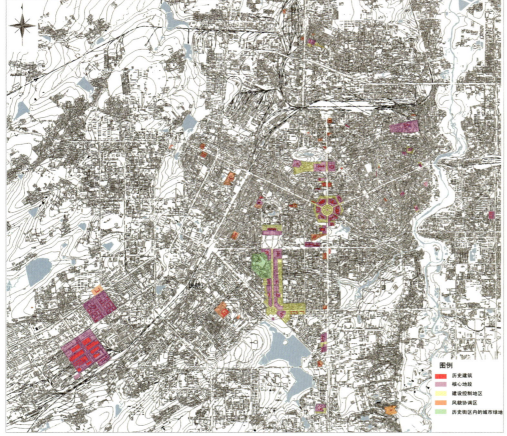

长春市城市紫线图

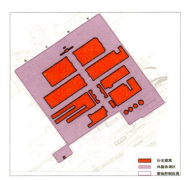

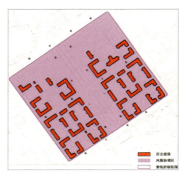

紫线划定成果示意图

东本愿寺旧址

长春市体育馆附近区域鸟瞰

长春市新发广场附近区域鸟瞰

伪满洲国皇宫同德殿旧址

人民广场周边历史建筑群

Conservation Planning of South Square Historic Conservation Area
长春市南广场历史文化街区保护规划

编制单位：北京华清安地建筑设计事务所有限公司、长春市城乡规划设计研究院
编制时间：2010年

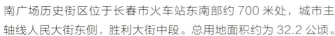

南广场历史街区位于长春市火车站东南部约700米处，城市主轴线人民大街东侧，胜利大街中段。总用地面积约为32.2公顷。

南广场历史文化街区是东北历史上因铁路而形成的最早的城区之一，是满铁附属地长春段保存最完整的区域，是长春历史上第一块具有现代意义的城区。它应和了20世纪初的世界规划潮流，即圆广场加八条放射路网的街路格局，形成了长春市城市空间框架的基础要素，在全国城市街路空间中独具特色。街区自1907年开始规划建设至今已有100多年的历史，是世界近代经典城市规划理论指导城市建设成果的典型体现；街区内街景及建筑风貌特色鲜明，可以唤起很强的城市记忆，充分体现长春近代城市建设发展的水平，是长春近代城市发展见证的重要组成部分；街区内历史建筑较多，且集中成片，建筑材料种类多样，有砖、石、混凝土等。建筑面砖色彩丰富，形式多样，对于了解研究中国东北地区近代建筑营造技术具有很高的建筑艺术价值和科学技术价值。

规划保护对象主要由总体格局、历史街巷、历史建构筑物、自然环境等文化遗产组成，规划分别对街巷、建筑风貌、景观绿化等提出设计导则，并对南广场周边建筑进行了详细改造和修复设计。

街景改造意向图

北

50 100 200

总平面图

南广场周边建筑修复与整治效果图

Conservation Planning of Xinmin Street Historic Conservation Area
长春市新民大街历史文化街区保护规划

编制单位：长春市城乡规划设计研究院
编制时间：2010年

新民大街旧影

新民大街历史街区位于长春市朝阳区，南湖大路以北，西安大路以南。规划总用地面积为 365.4 公顷。

新民大街历史街区作为伪满洲国时期重要行政机关集中建设的区域，是日本侵略并妄图长期独霸中国东北的重要历史见证，具有深远的历史和警示教育意义。新民大街对长春城市总体风貌的形成起到了导向作用，强化了长春从建设之初即在全国城市的规划领先地位。其在选址、规划、建设方面，受到中国传统城市规划思想影响，同时又融合了西方近代先进的规划理念，呈现出布局纵向延伸、建筑轴向对称、绿化层级丰富的特征，其两侧分布的官厅建筑具有较高的建筑艺术价值，充分体现了东西方融合的现代设计风格，是中国建筑历史上特殊而又独具特色的一页。

本街区的保护对象主要包括街区整体的空间格局、历史街巷、新民大街两侧建筑的院落空间、文物保护单位、历史建筑以及公园—广场—道路绿化带所形成的绿化生态体系。

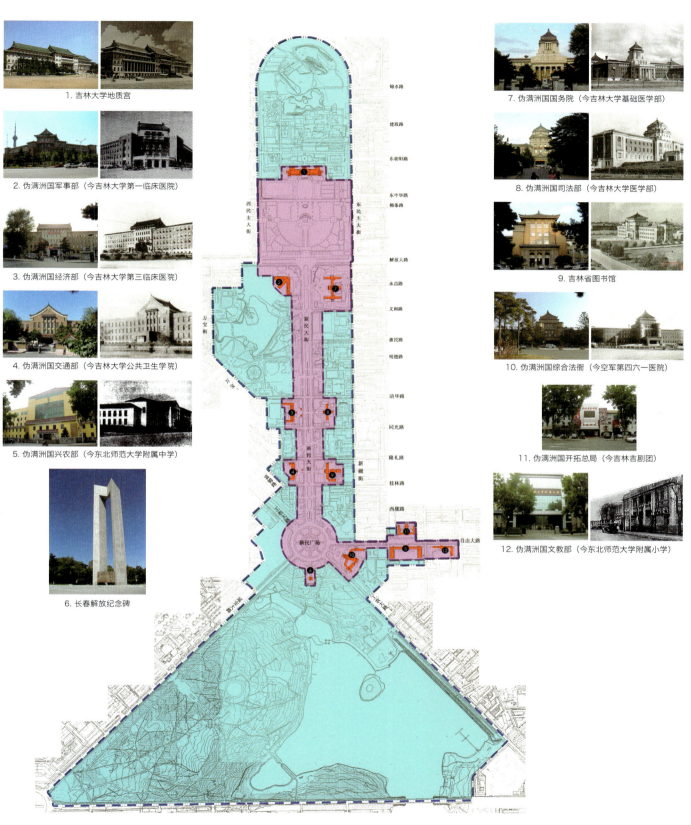

1. 吉林大学地质宫

2. 伪满洲国军事部（今吉林大学第一临床医院）

3. 伪满洲国经济部（今吉林大学第三临床医院）

4. 伪满洲国交通部（今吉林大学公共卫生学院）

5. 伪满洲国兴农部（今东北师范大学附属中学）

6. 长春解放纪念碑

7. 伪满洲国国务院（今吉林大学基础医学部）

8. 伪满洲国司法部（今吉林大学医学部）

9. 吉林省图书馆

10. 伪满洲国综合法衙（今空军第四六一医院）

11. 伪满洲国开拓总局（今吉林吉剧团）

12. 伪满洲国文教部（今东北师范大学附属小学）

核心保护区和建设控制地带规划图

Conservation Planning of First Automobile Manufactory Historic Conservation Area

长春市第一汽车制造厂历史文化街区保护规划

编制单位：长春市城乡规划设计研究院
编制时间：2010年

一汽一号门旧影

一汽生活区街景

一汽一号门现状

一汽工厂老建筑

第一汽车制造厂历史街区位于长春市西南部，地处汽车产业开发区内，包括厂区和生活区两部分。规划总用地面积约为176.2公顷。

第一汽车制造厂是我国第一个五年计划时期建设的156个重点项目之一，是我国汽车工业的摇篮。一汽生产了我国第一辆汽车、第一辆轿车，成为第一个产销上百万辆的汽车企业，是新中国工业发展的标志性见证。其厂区和宿舍区建设是历史上中苏两国友谊的结晶，是新中国建国后最大的工业区及配套居住区之一，其规划手法在我国城市规划历史中占有特殊位置。毛主席挥毫写下的"第一汽车制造厂奠基纪念"奠基石，今日仍矗立在一号门门前。国家领导人江泽民、李岚清等都曾经在此工作和生活过。汽车厂正门前是开阔的广场，四周各有灯塔一座，内部厂房呈行列式布置，建筑为矩形平面，清水红砖墙。居住区为院落式的布局形式，厂区、生活区都布置了大量的绿地，给人以花园城市之感。

规划确定第一汽车制造厂历史文化街区的功能定位为：以居住、汽车制造为主，旅游为辅的新中国最大的汽车工业区和配套居住区之一。本规划将历史文化街区的空间布局结构概括为"一轴、双心、两片"。"一轴"是指东风大街综合功能轴线，贯穿街区生活、生产两大功能区域，串联两个功能核心。"双心"是指迎春广场生活服务中心和一汽一号门前广场办公服务中心。"两片"是指生活片区和生产片区。

北

50 100 200 300m

规划总平面图

Scenic Area Planning
风景名胜区规划

综述

国家《风景名胜区条例》第十四条规定：风景名胜区应当自设立之日起两年内编制完成总体规划。《风景名胜区规划规范》中明确经相应的人民政府审查批准后的风景区规划，具有法律权威，必须严格执行。因此，风景名胜区规划是城市规划体系中法定规划一项重要的内容。

"八大部"——净月潭风景区是长春市区内唯一的国家级风景名胜区，该风景区 1988 年被国务院批准为国家重点风景名胜区，1989 年被林业部批准为国家森林公园，2000 年被评为国家 AAAA 级旅游景区、全国风景旅游区示范区，2011 年被评为国家 AAAAA 级旅游景区，今为吉林八景之一，被誉为"净月神秀"。编制"八大部"——净月潭风景名胜区总体规划，将国家风景名胜区的保护培育、开发利用和经营管理纳入到法定程序，是长春市城乡规划编制、实施和管理工作重要的一环，也是一项重要而又实际的工作。

Scenic Area Planning for "Eight Departments"—Jingyue Pond

长春"八大部"——净月潭风景名胜区规划

编制单位：吉林省城乡规划设计研究院
编制时间：2003年

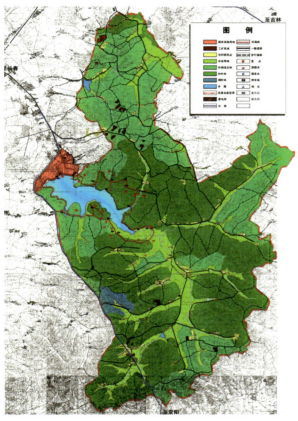

综合现状图

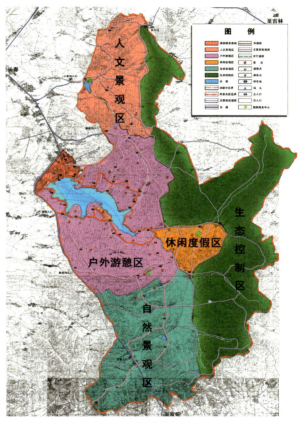

功能分区图

景区区位：国家重点风景名胜区长春"八大部"——净月潭风景名胜区位于吉林省长春市城市建成区范围内，是由位于长春市中心城区的伪满洲帝国傀儡皇帝宫殿、伪国务院及其下属伪"八大部"、日伪关东军宪兵司令部等历史建筑街区构成的"八大部"风景区与地处建成区东南山清水秀的净月潭风景区两部分组合而成的综合性国家重点风景名胜区。

规划范围：长春"八大部"——净月潭风景名胜区由"八大部"景区和净月潭风景区组合而成，总面积 10 338.27 公顷。

规划期限：本规划的期限为 2003 年至 2020 年，近期为 2003 年至 2005 年，中期为 2006 年至 2010 年，远期为 2011 年至 2020 年。

功能分区：净月潭风景区整体发展采用"核心一外围"发展模式将净月风景名胜区划分为五大功能区，形成环形放射圈层，即中部环潭路之内为核心景区，通过外围放射环形道路连接外围生态旅游区域，构筑"一环五区十八景"的风景区整体发展框架。一环指环潭路，此处景观是风景名胜区自然风光的精华和核心所在；五大功能区指户外游憩区、自然景观区、人文景观区、休闲度假区、生态控制区；十八景指月谷寻芳、曲峪翠松、白桦婷婷、踏雪寻梅、丹枫凝霜、钟楼塔楼、白莲溢渚、月潭揽胜、梨花伴月、奇木珍林、百味药苑、莺啭青林、朝雾漫壑、杏花春雨、古冢探幽、郡王丰碑、高山别趣、丽人月湾。"八大部"风景区分为伪皇宫景区八大部景区，关东军司令部，宪兵司令部景区。

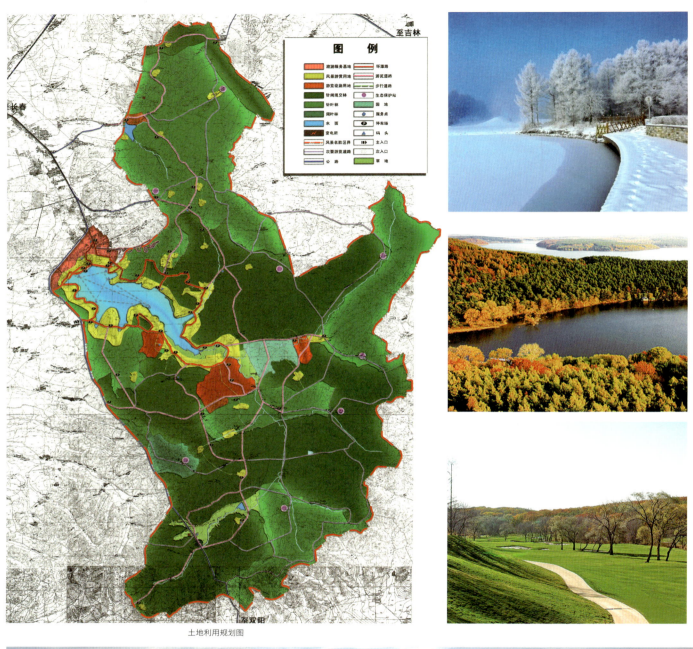

土地利用规划图

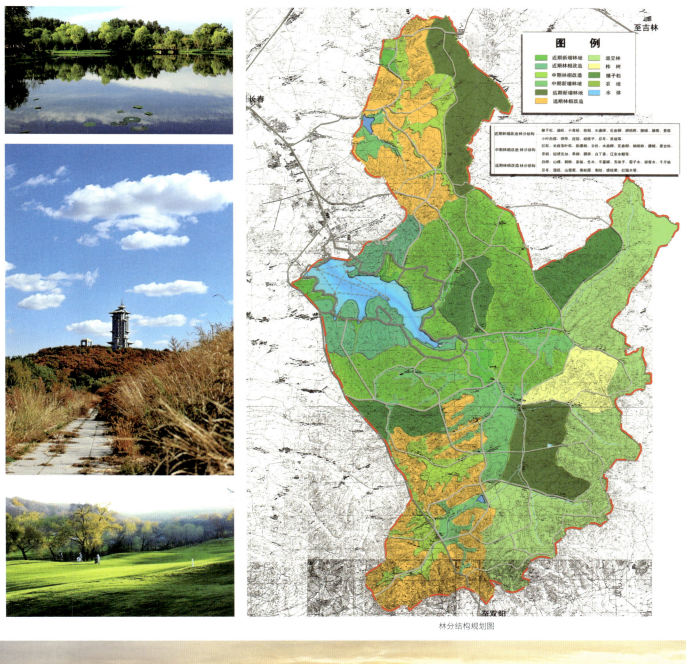

图 例
近期新增林地 　混交林
近期林相改造 　柞 树
中期林相改造 　樟子松
中期新增林地 　农 地
远期新增林地 　水 体
远期林相改造

林分结构规划图

Conventional Planning
常规规划

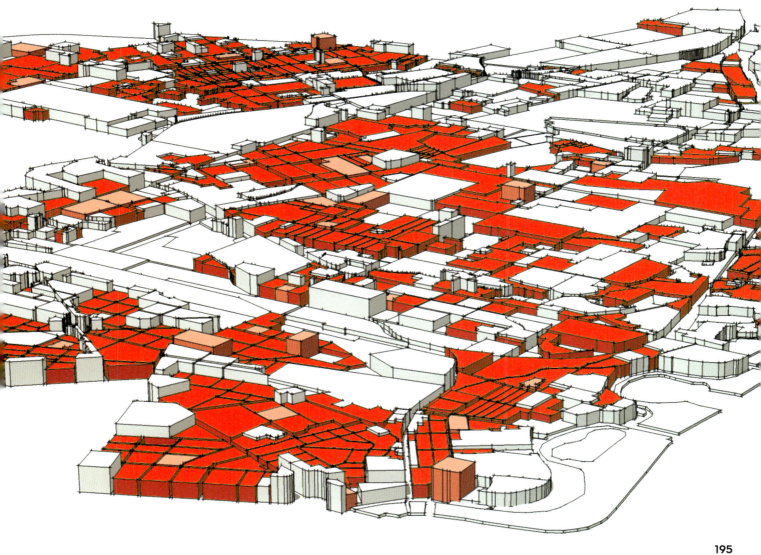

Special Planning

专项规划

综述

专项规划是常规规划的重要组成部分，是落实战略和总体规划，融合各类研究成果，对城市各类重大专项从体系角度进行研究的系统规划。专项规划的成果是控制性详细规划和镇乡规划编制的重要依据。

长春市为积极应对城市快速发展所带来的各项问题，由市规划局与专业主管部门联合研究，陆续新编或修编了各类专项规划几十项，涉及到城市社会事业及公共服务设施、交通、市政设施、生态环境、地下空间、旧城改造、综合防灾等，各专项分系统落实了城市发展建设目标，制定了各专业发展目标和发展策略，并将相关规划内容通过控制性详细规划在法定规划中予以落实，为城市未来的发展提供更为系统的规划支持，保障了城市又好又快可持续发展。

Planning for the Commercial Network of Changchun
长春市商业网点专项规划

编制单位：长春市城乡规划设计研究院
编制时间：2010—2011年

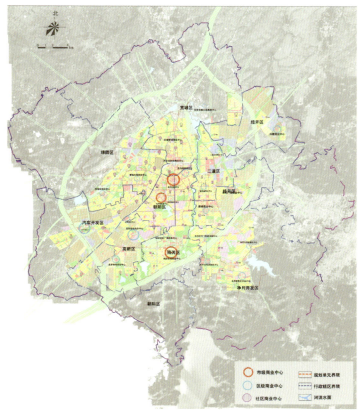

近期建设规划图

本轮规划依据《长春市城市总体规划（2011—2020）》确定的中心城区范围，规划总面积为445平方千米。

规划中长春市的定位为吉林省的商贸和高端服务业中心，东北地区极具时尚、文化、温馨和多元化特色的理想购物之都，全国重要的汽车、农产品以及高科技产品集散地，东北亚地区知名的高端消费品特色城市。

规划理念可概括为"六化"，即"特色化、品牌化、分级化、链条化、分类化和标准化"。在产业发展上强调"特色化和品牌化"；在空间布局上突出"分级化和链条化"；在建设监管和实施上强调"分类化和标准化"。

规划优先建设完善片区商业中心；大力发展区级商业中心；积极培育发展新区市级商业中心，控制引导旧区市级商业中心的规模；逐步构建以城区各级商业中心为核心，以外围大型批发市场为依托，以各具特色的商业街为窗口，以遍布全市的中小型商业业态为基质的现代化商业网点体系。其中商业中心规划到2020年，设置重庆路、红旗街、南部新城3个市级商业中心；桂林路、大马路、火车站环铁、二道东盛、西客站、东方广场、高新超达磐谷、净月大顶山、汽贸等22个区级商业中心；欧亚车百、天地十二坊等53个片区级商业中心，实现长春市各级中心梯次均衡布局，网络发展；规划设置重庆路、红旗街、长江路等22条重点商业街，其中综合性商业街9条，专业性特色街12条。

The Layout Planning of Primary and Secondary Schools of Changchun City Centre
长春市中心城区中小学布局专项规划

编制单位：长春市城乡规划设计研究院
编制时间：2006—2007年

基于GIS的朝阳区小学招生服务范围示意图

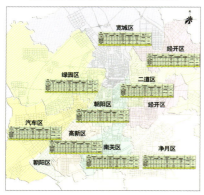

中小学生生源规划图

为了促进长春市教育事业均衡发展，优化教育资源配置，合理规划和保护中心城区中小学校用地，为长春市中小学校规划建设管理提供依据，促进长春市义务教育的全面实施，市规划局和市教育局联合组织了该规划的编制工作，规划成果已于2008年12月经市政府批准实施。

规划利用GIS系统对现状学校服务盲区和重叠区域分析，明确现状空间布局存在问题，提高了分析结论的科学性；采用居住用地极限承载法预测人口基数，保证了教育用地规模的适度超前；划分教育平衡单元，为恢复和实施义务教育学区制度提供空间载体。

规划布局模式采用"行政区—教育平衡单元—规划学校"的模式，到2020年，中心城区共划分为187个教育平衡单元。中心城区共规划中小学校347所，中心城区中小学教育总用地为744.09公顷，新增用地351.65公顷；规划期末中小学生总数43.41万人，其中小学生人数28.35万人，初级中学生人数15.06万人。小学生千人指标是64座/千人，初级中学生千人指标是34座/千人；旧区（三环路以内）：小学生均用地为11~13平方米，初级中学生均用地为14~16平方米；新区（三环路以外）：小学生均用地为17~19平方米，初级中学生均用地为20~22平方米；小学服务半径原则上不超过800米，初级中学及九年一贯制学校服务半径原则上不超过2 000米。

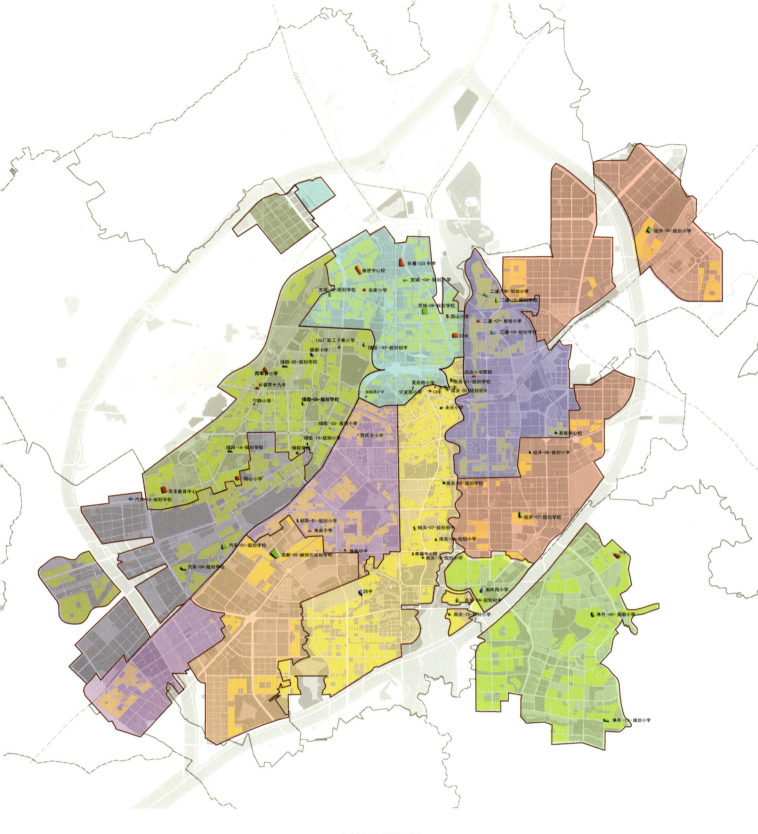

宽城-04-规划小学
长春 123 中学
奋进中心校
宽城-10-规划学校
宋家小学
宽城-09-规划学校
团山小学
二道-08-规划小学
二道-10-规划学校
经开-01-规划小学
37中
二道-07-规划小学
133厂职工子弟小学
二道-06-规划学校
杨家小学
绿园-05-规划学校
四季青小学
绿园-22-规划初中
长春市十九中
灵湘路小学
远达小学西校
宁静小学
绿园-06-规划学校
白领溪小学
宁波路小学
13中
南关-01-规划初中
南关-02-规划初4
绿园-23-规划小学
永长小学
绿园-10-规划小学
西民主小学
英俊中心校
绿园-16-规划学校
锦程学校
经开-05-规划小学
陶心小学
双丰教育中心
南关-03-规划学校
汽车-10-规划学校
朝阳-01-规划小学
经开-07-规划学校
电台小学
南关-07-规划初中
汽车-01-规划学校
高新-05-融创北规划学校
桐关小学
南关-09-规划小学
汽车-04-规划学校
锦程初中
幸福中心校
南关-11-规划小学
净月-05-规划小学
26中
南环路小学
南关-24-规划初中
南关-25-规划小学
净月-14-规划小学

中小学近期建设规划图

199

The Social Welfare Facilities Planning for the Elderly of Changchun City Centre
长春市中心城区老年人社会福利设施专项规划

编制单位：长春市城乡规划设计研究院
编制时间：2010—2011年

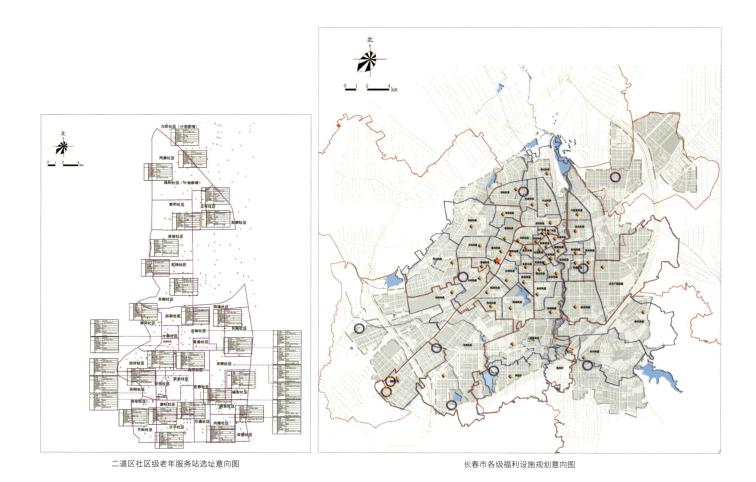

二道区社区级老年服务站选址意向图   长春市各级福利设施规划意向图

2010 年，长春市 60 岁以上老年人口已达 38.4 万，占总人口的 15.01%，按照世界卫生组织的规定，长春市早已达到老龄化社会的国际标准。而且老年人口占总人口的比例呈现不断上升的趋势。应对老龄化社会快速发展所带来的深刻影响，客观正视未富先老的基本国情，加强老年服务设施体系建设是编制老年人福利设施专项的根本目的。从现状分析来看，长春市的社会养老体系有待进一步构建与完善，社会养老模式有待进一步研究与确认，社会养老设施也有待进一步规划与布局。

本专项规划系统地研究长春市老年人社会福利设施的规划布局，做到在"银色海啸"到来之前规划先行，为政府做好超前的研究储备。按照长春市老年福利设施规划体系要求和本次规划确定的标准，长春市九个城区需各建一所区级老年福利设施，建设规模 300 床 / 区。长春市 51 个街道也需进行街道级老年人福利设施的更新和配建，按照长春市老年福利设施规划体系要求，街道级老年人社会福利设施的规划建设规模为 100 床 / 区。

Planning of Changchun Transportation System
长春市综合交通体系规划

项目名称：长春市城市综合交通体系规划
编制时间：2009年

中心城区交通体系规划图

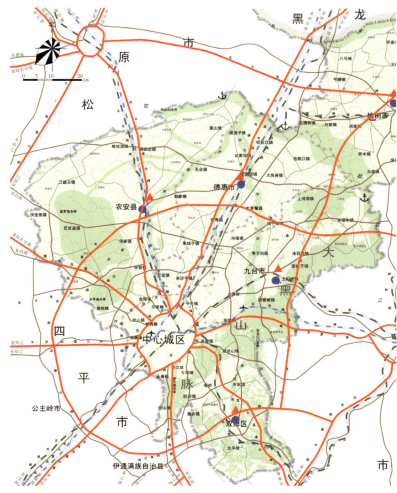

市域交通体系规划图

1997年长春市规划院与北京市规划院合作编制完成了长春市第一版城市综合交通规划，系统地提出长春市交通发展目标与设施规划方案，为长春市城市交通发展奠定了稳固基础，成为指导城市发展的重要依据。配合2005版城市总体规划修编，又进行了新一轮综合交通体系规划的调整。2009年4月，受长春市政府委托，由长春市规划局负责组织本次综合交通体系规划，汇集交通行业各部门近年来完成的各类规划、研究成果，长春市城乡规划设计研究院开始新版《长春市城市综合交通体系规划》编制工作，于2009年12月4日通过了专家及各行业部门的联合评审，并向市政府进行了汇报。

长春市地处我国东北，在我国大城市中保持着比较独特的城市风貌，形成了"疏朗、通透、大气、开放"的整体城市意象。未来长春市将建设成为北方绿色宜居城市，为实现这一目标，规划确立了"通达、绿色、和谐"的城市交通发展愿景。明确

提出了长春市交通发展战略，即在可持续发展理念的指导下，引导城市空间结构调整和功能布局的优化，促进区域交通协调发展，支持经济繁荣和社会进步。建立以快速路、快速轨道交通和公共交通快线为骨干、功能多样化和结构合理的现代化交通网络，形成快速、便捷、安全、舒适、低碳、和谐的综合交通系统。

在城市交通发展战略的指导下，我们分别对城市对外交通、道路网体系、公共交通、静态交通、交通管理等进行了专项规划或专题研究，提出了各项交通系统的规划理念、原则和布局方案。

规划对长春市未来交通发展的方向、政策及可能遇到的问题都进行了全面系统的阐述，对促进长春市未来交通的健康、有序发展具有重要的指导意义。

The Rapid Rail Transit Network Planning of Changchun
长春市快速轨道交通线网规划

编制单位：中国地铁工程咨询有限责任公司、长春市城乡规划设计研究院

编制时间：2009—2010年

轨道交通服务覆盖范围示意图

2002 年，长春市编制完成了《长春市快速轨道交通线网规划》，提出长春市的快速轨道交通线网由 5 条线组成，其中 3 条放射线、2 条半环线，线网总长 179 千米，核心区线网密度 1.1 千米 / 千米^2，中心城区线网密度 0.36 千米 / 千米^2。

随着长春市近年经济的快速发展，用地、人口均已突破原总体规划规模。为适应经济跨越式发展，2005 年，长春市开始了新一版总体规划的修编工作，提出 2020 年中心城区人口规模将达到 420 万，用地规模将达到 440 平方千米，原规划的五条线快速轨道交通网络可能在 2020 年提前实现，为此，在原规划线网基础上，应着眼未来，重新审视城市远景快速轨道交通线

网对城市未来发展的适应能力，对原有线网进行必要修编、补充、完善，2009 年，长春市启动了《长春市快速轨道交通线网规划》的修编工作。

修编后线网总长 256.9 千米，设车站 171 座，换乘站 25 座。核心区线网密度为 1.18 千米 / 千米^2，中心城区线网密度为 0.38 千米 / 千米^2。修编后的线网密切注重与城市发展方向相融合，拥有强大的骨干交通系统、稳定的核心构架、良好的覆盖范围和枢纽衔接，与交通枢纽间形成了良好的衔接换乘条件，还具有良好的可实施性。

长春市快速轨道交通线网规划图

The Parking Planning of Changchun City
长春市停车场专项规划

编制单位：长春市城乡规划设计研究院
编制时间：2012年

立体停车建设意向图

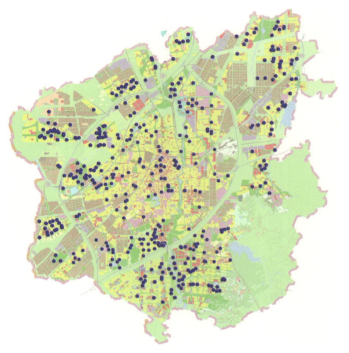

规划停车场布点图

近年来，长春市机动化程度不断提高，社会停车事业发展速度落后于城市机动车保有量的飞速增长，停车难问题日益突显。2012年，长春市城乡规划设计研究院开展了《长春市停车场专项规划》的编制工作，科学、系统地探求城市停车问题的解决之道。

本规划开展了长春市首次大规模停车现状调查。通过对调查结果的分析和国内外停车发达城市成功经验以及相应规划成果的研究，我们进行了未来城市停车需求预测，确立了长春市停车发展战略。在城市停车发展战略指引下，对现行的长春市各类建筑物停车配建标准进行了调整，细化了建筑和用地类型分类，提高了相应的指标。同时，我们还完成了城市公共停车场规划，对城市停车管理进行了深入研究，选取了桂林路街区和平阳街区作为典型商圈和居住区的案例，对其进行了区域停车详细规划的方案设计。规划下一步将对停车基础资料进行跟踪调查，开展各分区停车修建性详细规划，对停车困难区域的大型停车吸引源进行改善研究等后续工作。

通过本次规划的落实和后续工作的开展，将实现城市停车的合理、有序发展，科学引导城市动态交通流，提升城市的整体核心竞争力，树立东北亚区域国际中心城市、绿色发展示范城市形象。

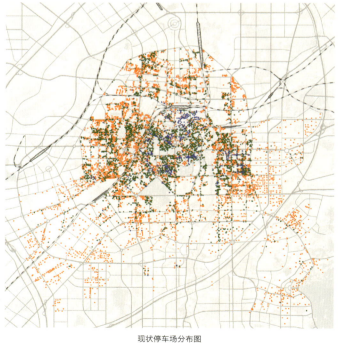

现状停车场分布图

The Public Tranportation Planning of Changchun
长春市公共交通专项规划

编制单位：长春市城乡规划设计研究院
编制时间：2012年

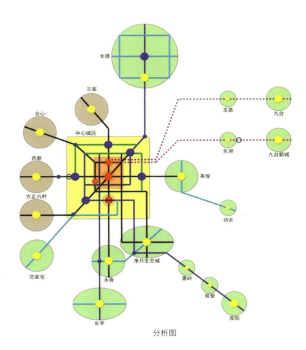

分析图

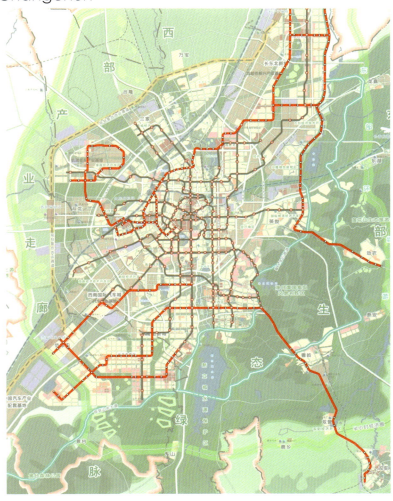

中运量系统规划方案图

《长春市公共交通专项规划》是在长春市空间发展战略规划、城市总体规划、综合交通体系规划等上位的指导下，总结目前城市公交系统存在的主要问题，明确未来城市公交的发展方向，提出城市公交发展策略与建议，落实公交发展所需的基本的空间，结合城市快速轨道交通建设，逐步优化公交线网，为后续相关专项规划做好铺垫，推动城市公交健康、有序发展，满足人们日益增长的交通需求。

规划提出长春公交的发展战略愿景为：以长吉图开发开放先导区和长吉一体化建设为契机，创建绿色"公交都市"，构建以轨道交通为主体，多模式、一体化、全覆盖、高品质的都市公共交通系统，对内引导城市空间有序拓展，促进城市功能有机组织；对外强化区域中心城市交通枢纽地位，支撑长春市成为东北亚国际性大都市发展目标的实现。

为实现上述战略愿景，提出具体发展目标为：在运力保障层面，中心城区线网密度要达到 3.0 千米 / 千米^2，万人拥有公交车达到 18 标台；在服务覆盖方面，居民小区公交站点覆盖率 100%，中心城区任意一点 500 米步行可到达车站，公交车进场率达到 80% 以上，中心城区任意两点之间换乘不超过一次，一次乘车到达城市核心区，相邻组团一次乘车到达，边缘组团一次换乘到达城市核心区、大型枢纽，一次乘车接驳轨道交通网络；在换乘方面，轨道换乘公交距离不超过 50~80 米，公交换乘公交距离不超过 80~100 米，客流走廊公交同台换乘率达到 60%；在运营效率方面，高峰期公交专用道公交平均运行车速不低于 18 千米 / 小时，高峰期中运量运行速度不低于 25 千米 / 小时，高峰期主要线路发车频率不低于 3 分钟，一般线路发车频率不低于 10 分钟，郊区线路保证定时、定点发车。

The Metro Line 1 & Line 2 Project of Changchun
长春市地铁1、2号线工程

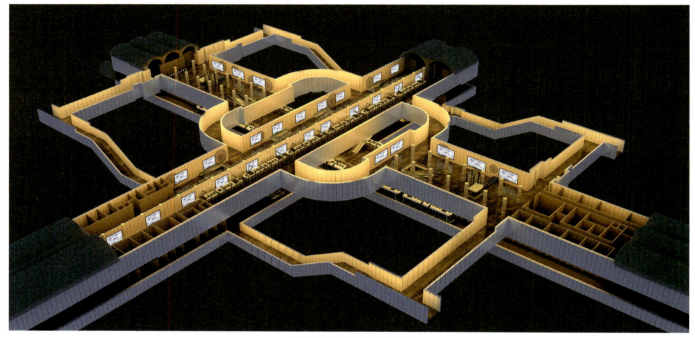

1、2号线解放大路换乘关系效果图

根据"从实际出发，规模适度、量力而行"的原则，在《长春市城市快速轨道交通建设规划》中提出城市快速轨道建设时序应兼顾满足城市交通需求（SOD）和引导城市发展（TOD）的理念，在此理念指导下，长春市在已建成的3、4号轻轨线基础上，正在建设1、2号地铁线。这两条线路是长春市快速轨道交通线网规划中的骨架线，处于城市发展的主轴线上，与城市中心区主客流方向吻合。建成后与已经建成的3、4号线构成"十字"加"环"的网络构架，将有力支撑城市空间拓展，缓解城市交通压力，提升公共交通服务水平，有力促进"公交都市"的建设。根据建设进度安排，这两条线路预计2017年建设完成并投入试运营，下面分别简要介绍这两条线路的工程概况。

地铁1号线一期工程概况

长春地铁1号线一期线路总长18.142千米，全部为地下线路；设车站15座，其中换乘站7座，全部为地下站，平均站距约1.255千米。

1号线采用B型车6辆编组。一期南端新建永春车辆段1座，控制用地约40公顷，一期分别在解放大路站和中央商务区站各设置1座主变电所。

在一期工程起终点站预留远期向北、向南延伸的接口，加强北部兰家组团、蔡家组团，南部的永春组团与长春中心城区的联系，共同发展。

地铁2号线一期工程概况

2号线一期工程正线全长22.847千米，全部为地下线路；设车站19座，其中换乘站6座，全部为地下站，平均站距1.233千米。

2号线采用B型车6辆编组。一期西端新建西湖车辆段1座，控制用地约35公顷，一期共享1号线解放大路站主变电所，新建西环路站主变电所。

在一期工程终点站预留向东延伸的接口，促进英俊组团的发展。

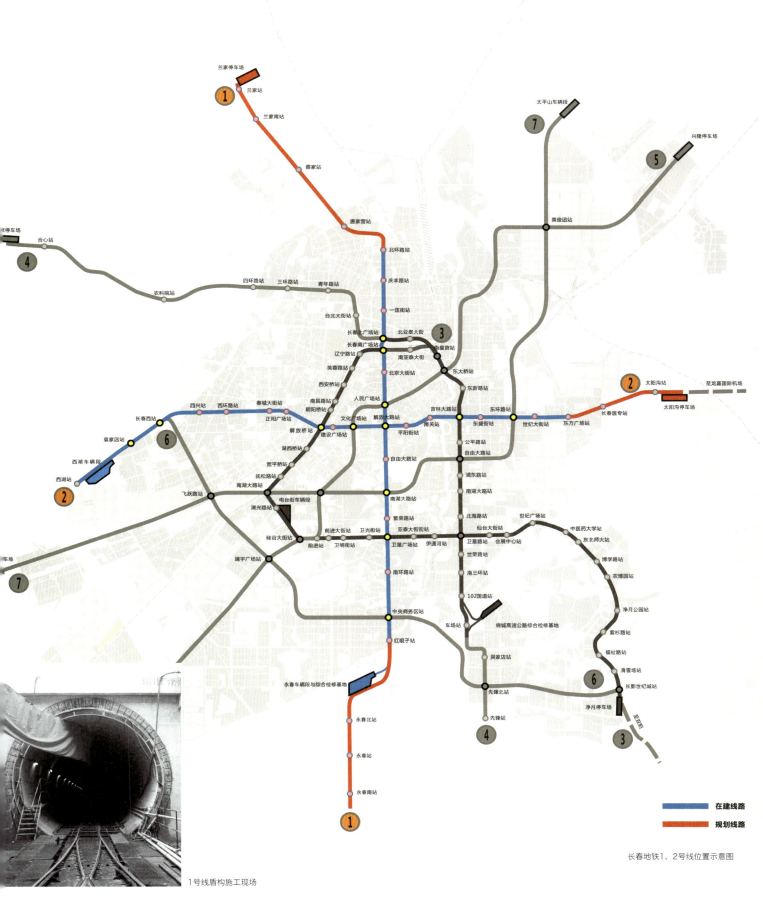

兰家停车场

① 兰家站

兰家南站

蔡家站

太平山车辆段

⑦

兴隆停车场

⑤

英俊团站

唐家营站

停车场

合心站

④

北环路站

庆丰路站

四环路站   三环路站   青年路站   一匡街站

农科院站

台北大街站

长春北广场站   北亚泰大街

③

伪皇宫站

长春南广场站

辽宁路站   南亚泰大街

东大桥站

芙蓉路站

北京大街站

东新路站

西兴站   西环路站   春城大街站

西安桥站

吉林大路站   东环路站

太阳沟站   至龙嘉国际机场

②

西湖车辆段   南昌路站   人民广场站

朝阳桥站

东广场站   长春医专站

太阳沟停车场

西湖站   正阳街站   文化广场站   解放大路站   南关站   东盛街站   世纪大街站

长春西站   解放桥站   建设广场站   平阳街站   东方广场站

②

袁家店站   ⑥   湖西路站   公平路站

宽平桥路站   自由大路站   自由大路站

西湖站   抚松路站   浦东路站

南湖大路站   南湖大路站

飞跃路站   南湖大路站   北海路站站   世纪广场站   中医药大学站

电台街车辆段   繁荣路站   仙台大街站   东北师大站

湖光路站   亚泰大街站   卫星路站   合展中心站   博学路站

车场   前进大街站   卫光路站   伊通河站   世荣路站   农博园站

硅谷大街站   卫明街站   卫星广场站   净月公园站

前进大街站   南三环站   紫杉路站

⑦   靖宇广场站   102国道站   福祉路站

车场   滑雪场站

中央商务区站   长影世纪城站   ⑥

红咀子站   ③

永春车辆段与综合检修基地   车场站   瑞城高速公路综合检修基地   净月停车场   至双阳

吴家店站

永春北站

永春站   先锋北站

先锋站   ④

永春南站

①

在建线路

规划线路

1号线盾构施工现场

长春地铁1、2号线位置示意图

The 4th Ring Road Project of Changchun
长春市四环路工程

四环路跨伊通河大桥

四环路是长春市中心城区快速路系统的重要组成部分，也是中心城区边缘区域的快速交通走廊，是区域客货运交通的主要通道，在城市整体道路网系统中有着重要作用。

依据城市总体规划，四环路为城市快速路，全长 67 千米，围合面积达 290 多平方千米，全线共规划互通立交桥 18 座。现状四环路绝大部分路段已经建成投入使用，西湖大路与东风大街、南四环路与硅谷大街、南四环路与前进大街、南四环路与人民大街互通立交桥等多处全互通立交桥也已经依照规划完成，四环路系统已经成为城市外部区域的主要交通干道，有效地缓解了城市交通压力。

为满足城市高速发展的需求，特别城市建成区域不断向外扩展后对外围道路系统的需求，长春市将进一步提升改造四环路，完善立体交叉系统。四环路将达到主路双向八车道，与快速路相交全部采用全互通立交形式，以消除主路瓶颈，提高整体通行能力。同时增加辅路车道，提高辅路设计标准，建设齐备的主辅路衔接系统，将长春市四环路打造成具有国际先进水平的高标准城市快速路。

长春市四环路及两横三纵位置示意图

The Two Vertical and Three Horizontal Roads Project of Changchun
长春市两横三纵工程

青年路与青冈路互通立交

亚泰北大街与台北大街互通立交

吉林大路与东盛大街互通立交

亚泰南大街与卫星路互通立交

"两横三纵"快速路中"两横"分别为北部快速路（花莲路—青冈路—台北大街—铁北四路—东荣大路，长 16.8 千米）和南部快速路（硅谷大街—卫星路，长 14.5 千米）；"三纵"分别为西部快速路（青年路—普阳街—宽平大路—前进大街，长 18.2 千米）、东部快速路（远达大街—东盛大街—仙台大街—彩宇大街，长 18.9 千米）和亚泰大街（北四环路和南四环路之间路段长约 19.7 千米）。其中，二环路部分长度为 34.5 千米，围合形成面积约为 70 平方千米的城市核心区特色风貌保护区。

"两横三纵"快速路是长春市城市快速路系统中的重要构成，对缓解中心城区的交通压力有着至关重要的意义。其设计标准主要采用高架桥形式，个别路段采用平面和下穿形式。主路系统为连续的快速交通流，标准为双向六车道，地面辅路利用桥下净空设置，不低于双向六车道，通过平行匝道，做好桥上和桥下的转换。充分利用城市空间，设置高标准的主辅路，快速路相交采用全互通立交桥，保障节点的通行能力。2012 年，"两横三纵"快速路工程开工建设，预计 2~3 年完工，届时将成为城市快速交通系统的骨干，提高道路通行能力两倍以上，有力地缓解了城市交通，支撑长春市社会经济的高速发展。

Longjia International Airport
龙嘉国际机场

设计单位：吉林省建苑设计集团有限公司与民航华东机场建筑设计研究院合作
设计时间：2003年

长春龙嘉国际机场，简称长春机场或龙嘉机场，是中国吉林省的航空枢纽，也是中国东北地区的四大国际机场之一。

长春龙嘉国际机场是国家民航总局和吉林省共同投资建设的重点工程，是吉林省十五期间百项重点工程之一。1998年5月国务院、中央军委批准新建长春民用机场工程立项，机场于1998年立项，2003年5月29日全面开工，航站楼由吉林省建筑设计院与民航华东机场建筑设计研究院合作设计，2005年8月27日零时投入运营，取代了大房身机场的民航功能。

长春龙嘉国际机场位于长春市东北部的九台龙嘉镇，西距长春市中心城区28千米，东距离吉林市中心城区62千米，占地4 200余亩。现有国内航线80余条，港澳台及国际航线16条。可起降B737、B747、B757、B767、A340、A330等大中型客机，跑道长3 200米，宽45米，以及等长的平行滑道。停机坪面积22万平方米，航站楼总面积7.3万平方米，停机位32个，可保障目前世界上最大的飞机——空客A380的起降。规划龙嘉机场性质为国内中型机场、国际航线定期航班机场、省内航空运输枢纽、沈阳桃仙国际机场的备降机场，飞行区等级为4E级，远期启动机场第二跑道建设工程，预留建设国际城市干线机场条件。2020年预测旅客吞吐量为1 400万人次。

The West Railway Station of Changchun
长春西客站

设计单位：中铁第一勘察设计院集团有限公司与中南建筑设计院有限公司合作
设计时间：2009年

长春西客站为哈大高速铁路在长春的新设站，也是集高速客运铁路、公路客运、城市快速轨道交通、常规公交、出租车、社会车辆为一体的综合交通换乘中心。长春西站办理沈阳方向高速列车的始发、终到作业及客运专线列车的通过作业。近期规模为5台9线，远期将视城市发展需要及客流情况加以扩建。

西客站站房和换乘中心两项工程计划投资33.16亿元，其中站房工程由沈阳铁路局和长春市政府共同出资建设，占地面积2.5万平方米，建筑面积6万平方米，计划投资9.16亿元，换乘中心工程由长春市出资建设，计划投资24亿元。

2012年12月1日，哈大高速铁路正式开通，西客站站房也正式投入使用。

Changchun Railway Station
长春站

长春站南站房改造效果图

长春站北站房地下空间现状图

长春站北站房现状图

长春铁路枢纽衔接哈大客运专线、长吉城际铁路等两条高速客运铁路和哈大、长图、长白三条铁路干线，为东北地区重要的铁路枢纽之一。根据规划，哈大客运专线以及长吉城际铁路建成后，长春枢纽将逐步实现客货分离，同时新设长春西站，在长春市形成两大客流均衡、分工明确的铁路客站，并结合铁路客站形成未来城市两大综合交通换乘中心。

长春站主要办理各衔接方向全部普速列车始发、终到及通过作业以及哈尔滨、吉林方向的高速、城际列车始发、终到及通过作业。现状规模为 9 台 16 线，其中普通场 4 台 7 线，高速场 5 台 9 线。在区域内，以长春站为核心，打造集高速客运铁路、普通铁路、公路客运、城市快速轨道交通、常规公交、出租车、社会车辆为一体的综合交通换乘中心。

The Heating Planning of Changchun City Centre
长春市中心城区供热专项规划

编制单位：长春市城乡规划设计研究院
编制时间：2007—2008年

热电联产供热范围示意图

热电厂规划位置示意图

本规划以城市总体规划所确定的 2020 年长春市中心城区城市建设用地为规划范围；规划时限分为近期：2007—2012 年，远期：2013—2020 年。

规划从热源、管网、用户、经营等方面，对长春市供热的建设成绩和存在问题进行了客观的总结和分析。本着以人为本、安全第一、节能环保、远近结合、可持续发展的原则。以实现集中供热、推广清洁能源，改善长春大气环境质量为目标。采用层次分析方法建立城市供热可持续发展的综合评价模型，确定长春市近期以热电联产和燃煤区域锅炉房为主，远期以热电联产为主的环境友好和资源可持续型供热模式。

规划至 2020 年，长春市中心城区规划总采暖面积为 30 673.08 万平方米，采暖热负荷 17 483.75 兆瓦。规划共建成热电厂 6 座，供热面积 15 111.3 万平方米（不包括由规划东南热电厂供热的双阳经济技术开发区及双阳文化印刷产业园 740 万平方米，不包括预留净月分区东南热电厂供热面积 2 790 万平方米），规划区域锅炉房 62 座，供热面积 15 020 万平方米（其中调峰锅炉房供热面积为 2 192 万平方米），其中规划新建 27 座区域锅炉房，规划新建区域锅炉房供热面积为 7 305 万平方米，总容量为 6 045 兆瓦；扩建 22 座区域锅炉房，规划供热面积为 5 915 万平方米，总容量为 5 015.9 兆瓦。保留区域锅炉房 13 座，供热面积为 1 800 万平方米，容量为 1 504.5 兆瓦。各热电厂主干管采用联网供热，提高供热安全可靠性。

The Urban Fire-Fighting Planning of Changchun
长春市城市消防专项规划

编制单位：长春市城乡规划设计研究院
编制时间：2006—2008年

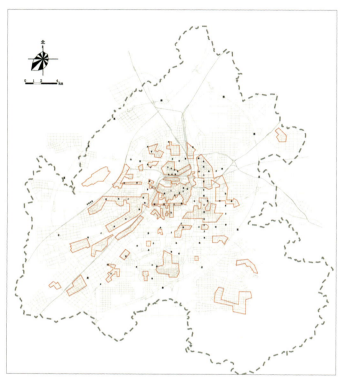

消防重点地区规划分布图

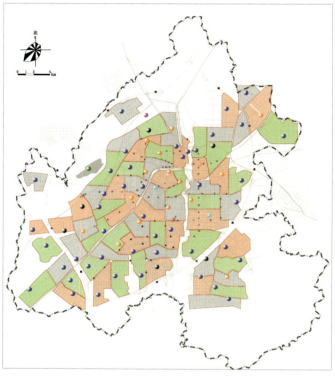

消防站规划布局图

本规划以城市总体规划所确定的 2020 年长春市中心城区城市建设用地为规划范围；规划时限分为近期：2008—2012 年，远期：2013—2020 年。

规划在规划体系分析、消防火灾风险评估和典型案例分析的前期研究基础上，对过去 10 年的长春市城市消防情况进行了认真统计和科学分析，详细地制定了长春市在 2010 年和 2020 年应达到的总体发展目标和具体数值，规划内容涵盖了消防建设的各个方面，以战略的角度和发展的眼光对长春市未来 15 年消防发展目标进行了总体规划，对近期长春市消防建设项目提出

了具体意见和建议。

规划分别对近、远期长春市城市消防安全布局、消防站、消防装备、消防供水、消防通信、消防供电、消防车通道等进行规划，并进行了近期建设规划和投资估算，为完善长春市城市消防安全体系、创造良好的消防安全环境打下坚实基础。规划至 2020 年，城市消防站总数达到 70 个，其中特勤消防站总数达到 8 个，新建专用航空消防站 1 个，消火栓总数达到 8 500 个，消防水鹤总数达到 200 部，全市共建 5 处吸水码头和吸水泵站。

The Information Engineering Facilities Planning of Changchun
长春市信息工程设施专项规划

编制单位：长春市城乡规划设计研究院
编制时间：2008—2009年

信息管道规划图

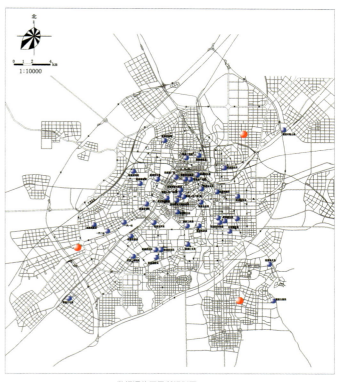

数据通信网局所规划图

本规划以城市总体规划所确定的 2020 年长春市中心城区城市建设用地为规划范围；规划时限分为近期：2009—2012 年，远期：2013—2020 年。

本规划以建设生态城市和提高城市综合竞争力为前提，以环境保护为目标，与长春市"信息港"工程的发展相协调，同时保证城市空间资源的合理利用，为适应社会信息化的发展，满足人们日益增长的语音、数据及多媒体的通信业务需求，从城市规划角度对长春市信息工程设施专项规划进行了基本实践和探

索。规划主要内容依据长春市现有通信系统分布格局，结合本轮总规修编，确定长春市的骨干网络结构为"五横、五纵、一环、一翼"组成。

到规划期末，电信固定网将建设 1 处独立式通信局所，移动通信网将建设 3 处独立式局所，有线电视将建设灾备中心 1 座，预留 5 处通信发展备用地；届时，其网络安全得到较大改善，能满足网络安全运行的要求。

The Drainage Project Planning of Changchun
长春市排水工程专项规划

编制单位：长春市城乡规划设计研究院
编制时间：2011—2012年

污水处理厂布局图

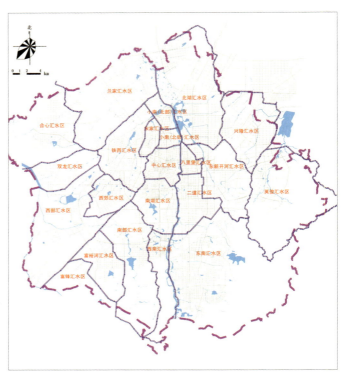

汇水区分布图

本规划的规划范围是长春市主城区，规划时限为2011—2020年。本规划从长春市的实际情况出发，在城市总体规划的指导下，贯彻执行国家、地方制定的法律、法规、政策，采取全面规划、分期实施的原则。

通过研究、分析长春市城区排水工程建设现状和发展规律，结合城市总体规划，全面协调、统筹安排，充分考虑规划方案的整体性和系统性，制定科学、合理的排水工程系统。确定长春市排水体制建设方案：新建城区严格按照规划要求，采用雨污分流制，老城区逐步实现雨污分流制。根据长春市总体规划和建设节水型城市的要求，确定2020年长春市主城区规划污水量合计304.09万米^3/天。规划新建污水处理厂7座，远期规划形成16座污水处理厂，污水处理能力330.5万米^3/天。以汇水区为单元，逐步完善中心城区排水管网系统，新建改造污水管线。对长春市22个汇水区的雨水管网进行规划，规划新增9座雨水排涝泵站。同时在主城区规划设置6座雨水调蓄池，制定长春市新建建设工程城市雨水资源利用管理规定。另外对再生水利用工程进行规划，规划新建再生水污水处理厂11座。

The Surface Water System Planning of Changchun Urban Area
长春市城区地表水系规划

编制单位：长春市城乡规划设计研究院
编制时间：2003—2004年

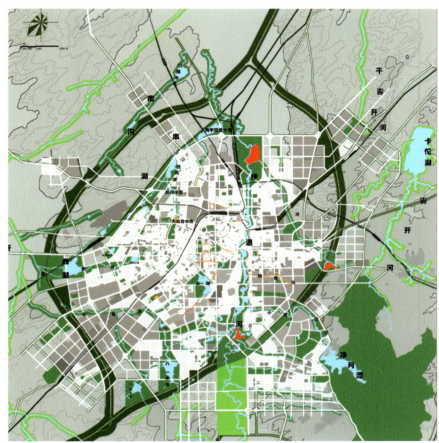

城区地表水系周边绿地分布图

雨水管网规划图

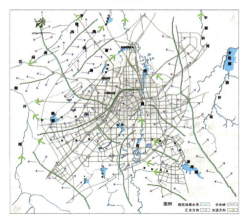

城区地表水系汇水区分区图

城市水系一直在长春城市规划和建设中发挥着重要的作用。2003年,长春市规划局组织编制了《长春市城区地表水系规划》。该规划于2004年得到长春市政府的批准,在一定时期内,对我市水系的保护和治理起到了重要的作用。2007年至2008年,市规划局又组织了两次规划内容的补充,主要是《长春市地表水系名称和编码体系》和《长春市主城区地表水系现状调查》。这两项成果作为《长春市城区地表水系规划》的附件,已经成为长春市控规和镇乡规划编制的重要依据。

编制重点：保护城市河流的自然性、系统性和多样性,顺应河湖自然演变规律,确定水系结构体系。以可持续发展为目标,重视

城市水系重要的环境作用和生态价值,还水系一个良性的生存空间。尽可能恢复水系,增强水系湿地的生态、社会价值；保持和加强地表径流,使其真正成为有生命力的河流,通过建设多功能廊道,为野生动物提供栖息地,为人们提供娱乐机会。

主要内容：水系结构保护方面,确定水系结构体系,提出保护、恢复、创建的方案。即城市地表水系保护规划、（被填埋的）暗渠恢复规划、城市水系创建规划。水体治理规划方面,建设高效的城市污水处理厂集中处理城市污水,控制水污染、改善水环境；提高排水管网普及率,提高污水收集率和处理率,基本实现分流制；积极推进雨水资源化利用。

The City Sculptures Planning of Changchun
长春市城市雕塑专项规划

编制单位：长春市城乡规划设计研究院
编制时间：2003年

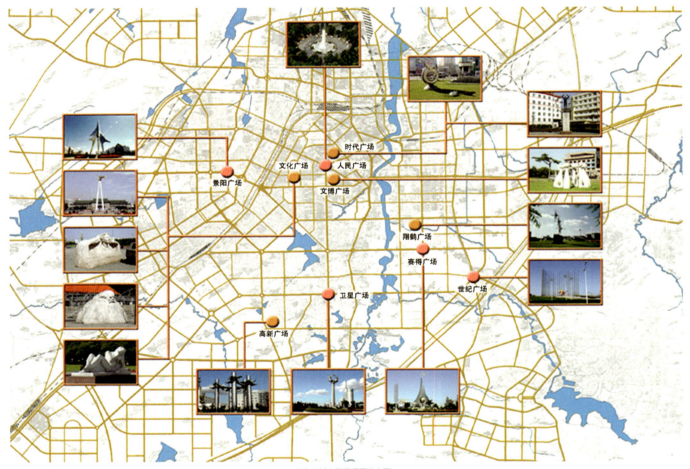

长春市城市雕塑重要节点图

规划通过系统布局城市雕塑景观，整合统筹城市雕塑艺术及其产业发展构想，达到长春市雕塑建设合理、有序、健康的发展，与城市的发展建设同步的目的，实现把长春建设成世界一流的雕塑城的规划目标。

规划提出"一轴两环六带六片多点"的城市雕塑网络式布局结构。"一轴"是指伊通河滨河雕塑艺术景观带；"两环"是指三环路、环城绿化带公共雕塑景观环廊；"六带"是指六条主要核心雕塑景观道路；"六片"是指依托六大城区形成以雕塑艺术为特色的公共艺术区域；"多点"是指在各类主题公园、大型城市绿地、交通广场布置点式，体现城市文化特色和地域特色的多处雕塑景观集群。

在城市雕塑空间布局方面，规划提出以城市公共景观系统为依托，与城市功能和居民生活充分结合。一方面从城市雕塑建设的角度出发，对长春市主要城市景观区、景观轴、景观点进行评估与分析，采用建设城市雕塑的方式优化城市公共空间景观；另一方面，坚持由宏观到微观，由面到线再到点的分析，制定引导城市雕塑艺术发展和空间布局的设置导则与具体建设要求和景观主题意向，以便规范和提高城市公共空间雕塑艺术建设的水平和档次。

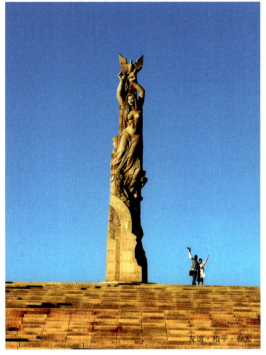

友谊·和平·春天

世界汽车文化

春风

净月女神

世界雕塑公园夜景

District Planning

分区规划

综述

分区规划是根据长春市特大城市发展的实际需要，以各行政分区为单位，对战略和总体规划进行深化的常规规划。

2005年，在总体规划经市人大常委会全票审议通过，由省政府上报国务院后，为了有效引导城市发展，保证各个城区、开发区的有序建设，长春市规划局与各城区、开发区共同组织开展了全市10大城区、开发区的分区规划编制工作。该成果经市政府同意在城市总体规划获得批复之前"作为技术成果指导长春市规划建设"。

2005年编制的分区规划中根据各个分区的实际，结合行政区划和管理界线将分区分解成若干个规划单元，并以规划单元为单位形成独立的指标体系。规划单元的组合构成分区规划的成果。分区规划的成果是以单元为单位的开放的、可更新的、动态的规划成果体系。同时分区规划对涉及到城市未来发展和人民生活的重要城市公共利益空间提出具体的强制性的要求，为详细规划的编制和规划管理提供依据。此次分区规划在编制方法中的许多探索，为后续中心城区控规编制的研究奠定了基础。

分区规划编制成果经过研究论证并报市政府研究同意成为指导当时长春市城市建设的技术文件，成为一段时期内城市建设和管理的重要依据。

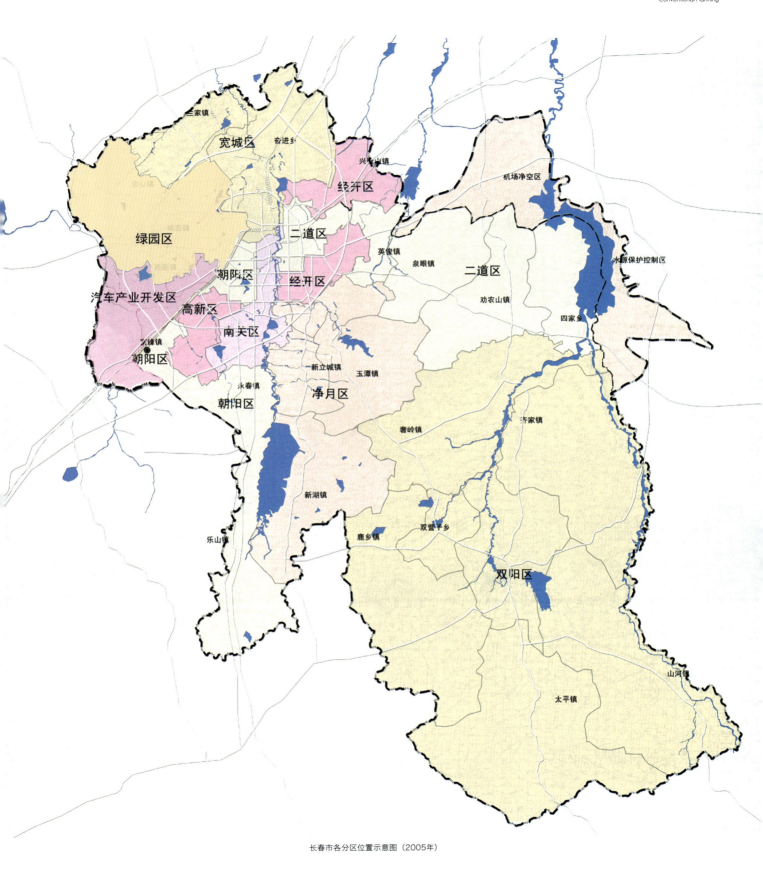

三家镇

宽城区

奋进乡

兴隆山镇

绿开区

绿园区

合心镇

城西镇

二道区

英俊镇

泉眼镇

二道区

机场净空区

水源保护控制区

朝阳区

经开区

西新镇

劝农山镇

四家乡

汽车产业开发区

高新区

南关区

新立城镇

玉潭镇

净月区

新立城镇

奢岭镇

齐家镇

朝阳镇

永春镇

新湖镇

乐山镇

鹿乡镇

双营子乡

双阳区

山河镇

太平镇

长春市各分区位置示意图（2005年）

The District Planning of Kuancheng in Changchun
长春市宽城分区规划

编制单位：长春市城乡规划设计研究院
编制时间：2005年

规划区规划总图

区域范围：宽城分区位于长春市中心城区北部，其用地范围主要包括中心城区和两个乡镇（奋进乡、兰家镇），总面积为237.88平方千米。

功能定位：宽城分区功能定位为城市北部门户，城市重要工业区之一，商品货物集散中心之一，城市交通枢纽中心之一，城市居住中心区之一。

分区规模：规划确定至2020年，宽城分区规划区人口规模为55万人左右，中心城区人口规模为49万人。

用地规模：规划确定至2020年，宽城分区规划区城镇建设用地为51.3平方千米，其中中心城区建设用地为45平方千米。

空间结构：到2020年，宽城分区规划区将形成"一轴、两带、三区"的空间结构体系。在宽城中心城区将形成"双心、双轴、两园、多片区"的空间结构。

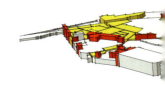

人民大街主轴线

湿地公园

行政办公中心

生活性轴线

商贸中心

人民大街主轴线

中心城区结构示意图

居住区与商业区关系示意图

The District Planning of Erdao in Changchun
长春市二道分区规划

编制单位：长春市城乡规划设计研究院
编制时间：2005年

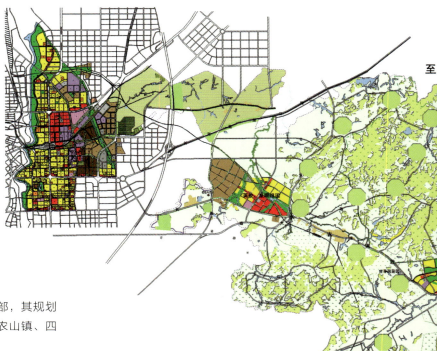

规划区规划总平面图

区域范围：长春市二道分区位于长春市中心城区东部，其规划范围由建成区和东部四乡镇（英俊镇、泉眼镇、劝农山镇、四家乡）组成，总面积452.02平方千米。

功能定位：二道区是长春市的东部门户，是长春市居住中心、商贸中心之一，是长春市综合物流园区、现代工业的聚集区之一，同时也是东部生态敏感区及水源保护区，长春市城郊休闲旅游基地。

分区规模：规划至2020年，二道区实际居住人口规模55万左右，其中中心城区35万。二道区城镇建设用地为55.93平方千米，其中中心城区建设用地36.43平方千米，全区城镇人均建设用地116.5平方米。

空间结构：规划至2020年，二道规划区将形成"一城、一园、两团、四轴、多点"的空间结构体系。"一城"即中心城区。"一园"即绕城高速公路以东的生态敏感区。"两团"分别为英俊、泉眼组团和劝农、四家组团。"四轴"分别为东盛远达大街轴、长吉南线轴、双九公路轴和二道中路轴。"多点"规划对东四乡生态敏感区内部现有散落村屯，进行撤村并屯之后，形成若干个相对集中的社区中心。

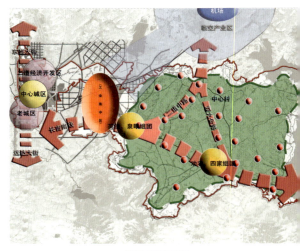

规划区规划结构图

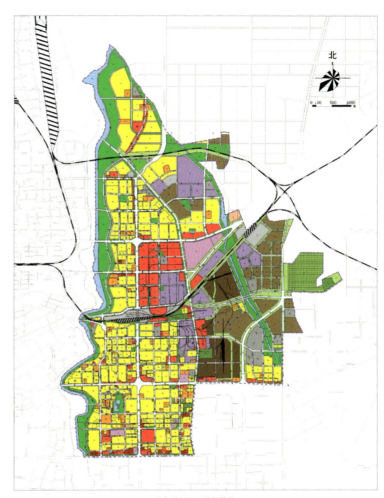

中心城区规划总平面图

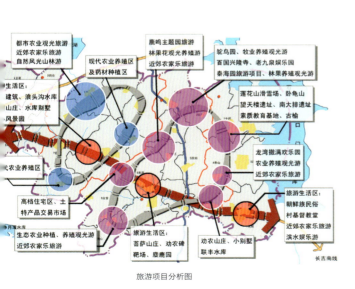

旅游项目分析图

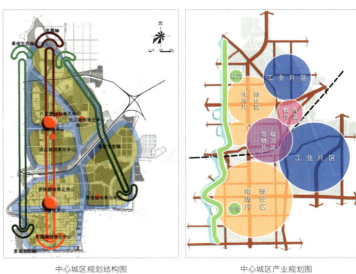

中心城区规划结构图　　　　　中心城区产业规划图

The District Planning of Jingyue in Changchun

长春市净月分区规划

编制单位：长春市城乡规划设计研究院
编制时间：2005年

区域范围：净月分区位于长春市中心城区东南部，其用地范围主要包括中心城区和三个乡镇（玉潭镇、新立城镇、新湖镇），总面积为 478.71 平方千米。

功能定位：净月分区功能定位是环境优美的城市生态旅游区、高教区和高档住宅区。建设的重点是净月潭国家森林公园人工生态林地及周边自然生态环境敏感的区域；打造长春特色旅游产业；健全高教园区配套生活服务设施；保持城市建设与风景区协调，带动城市人口的外迁和城市中心的南移。

分区规模：规划确定至 2020 年，净月分区规划区人口规模为 67.54 万左右，中心城区人口规模为 54.74 万人；用地规模：规划确定至 2020 年，净月分区规划区城镇建设用地为 59.84 平方千米，其中中心城区建设用地为 55.44 平方千米。

空间结构：到 2020 年，净月分区规划区将形成"一区、三镇、七个中心村"的空间结构体系。在净月中心城区将形成"一轴、四片区、多中心"的空间结构。

规划区规划总平面图

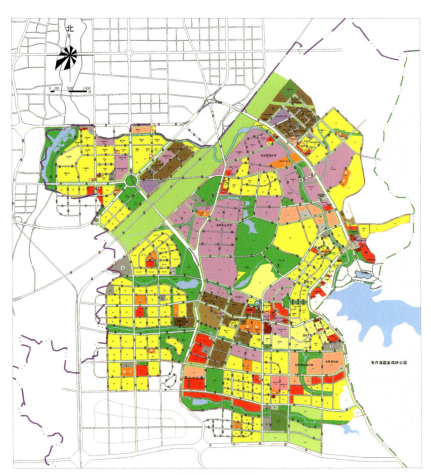

中心城区规划总平面图

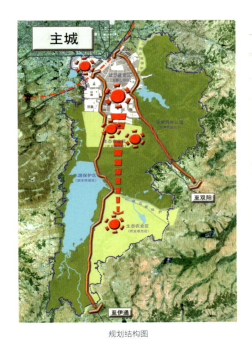

规划结构图

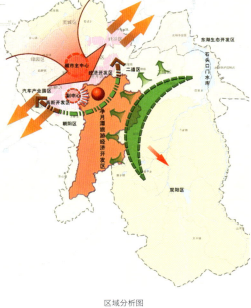

区域分析图

Site Plan

修建性详细规划

综述

《城乡规划法》出台后，修建性详细规划不再作为城乡规划管理的法定依据，而是在城市控制性详细规划和规划条件指导下编制的常规规划。

十年间，从公共建筑到住宅小区，从工业建筑到民用建筑，从公园规划到校园规划，从市政工程到交通设施建设，从未来感十足的现代建筑到充满文化气息的历史建筑的修复，大到投资数百亿的机场建设、地铁工程，小到街道家具的设计与布置……无数修建性详细规划的实施，是城市按照既定规划进行发展和建设的坚实脚步，在为市民营造幸福家园和理想空间的同时，也延续着城市"疏朗、大气、开放、通透"的城市空间意向，实现着城市绿色宜居和幸福长春的理想。

Public Building
公共建筑

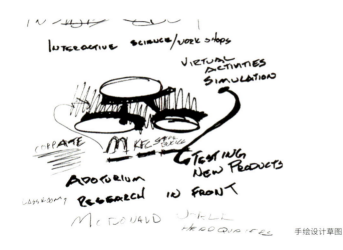

手绘设计草图

The Cultural Center of the Science and Technology of Jilin Province
吉林省科技文化中心

设计单位：德国GMT国际建筑设计有限公司
设计时间：2007年

吉林省科技文化中心综合馆是建省以来政府投资最大的公益项目，2007年7月开工，占地面积10万平方米，建筑面积11.2万平方米，投资11亿元，包括吉林省科技馆、博物馆、美术馆及中国光学科技馆，2010年10月基本建设竣工，2011年5月试开馆。

吉林省科技馆：围绕"科技与梦想"这一主题，下设"梦想的摇篮"、"智慧的阶梯"、"创造的辉煌"、"我们的未来不是梦"和"实践梦想"5大主题展区。

吉林省博物院、吉林省美术馆：我省最大的历史艺术博物馆，最主要的文化遗产和近现代革命史文物的收藏机构、科学研究机构和宣传教育机构，承载着我省从古至今各个历史时期丰富的文化内涵，弘扬民族优秀传统文化，建设社会主义精神文明的过程中具有特殊的无可替代的地位和作用。

中国光学科技馆：共设"奇妙之光、光的探索、光的时代、光的世界、光的未来、千年光辉、神奇光华"7个展厅，让公众了解光学原理，体验光学奇妙，感受光学巨大作用，激发献身科学、热爱祖国的情怀。另设有光学实验室、光学图书馆。

综合馆项目与区域内的长影世纪城、五星酒店、大剧院、欧风街包容互补，正在成为服务全省、辐射东北的科技文化艺术展示交流、休闲旅游、影视创意中心。

The International Conference and Exhibition Center of Changchun

长春国际会展中心会议中心

设计单位：吉林省建苑设计集团有限公司与日本志贺建筑设计咨询（上海）有限公司合作
设计时间：2007年

长春国际会展中心综合馆的设计以创造长春东南门户标志性、具有 21 世纪国际水准的大型国际会议中心建筑形象为总体设计理念，追求高科技、高起点，以新技术、新材料、新工艺为依托，表达时代的特征，强调技术美学、结构美学与建筑美学的高度统一。

造型上注意与原有会展建筑、体育建筑的协调统一，采用了原有建筑的一些建筑特征语汇，进行了提炼与提升。

整体上使长春会展中心桅杆林立，宛如海上帆船停泊中心，新建综合馆看起来犹如停靠在港湾的潜水艇一般，让人心旷神怡。

综合馆球面屋顶由部分橄榄球式球体面构成，上覆钛金属板屋面，形成浑圆的形态。综合馆与规划 Ⅲ 区会展建筑一同进行造型设计，共同形成一个完整的建筑形象。

综合馆南侧主要入口处上有大型椭圆形无柱屋盖雨篷，其旁边设置有高 60 米的钢制桅杆式柱子，上有拉杆吊住椭圆形屋盖雨篷。在共享大厅里的树形柱子也高出屋面，拉杆吊住大厅屋面。整体上建筑造型与原有体育建筑、会展建筑遥相呼应，协调统一，加强了整个长春国际会展中心的个性特征。

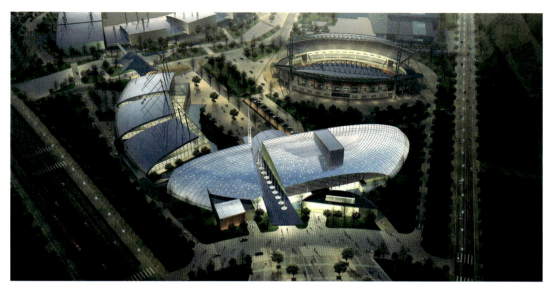

The Government Office Building of Changchun
长春市政府办公楼

设计单位：吉林省建苑设计集团有限公司
设计时间：2006年

长春市政府是南部新城的启动性项目，地点也很特殊——恰好处于新老城区的交会处。由此决定这一项目，不仅肩负着带动片区发展的责任，同时，也是联系过去与未来的桥梁。

设计方案采用"大、平、正、方"的建筑理念，以回应长春市"宽容、大气"的城市气质。面对长春市中轴线——人民大街，本方案充分考虑了人民大街的景观效应和经济效应，采用开放式布局，符合时代进步的潮流。即将两栋主楼以玻璃幕做连接，四个辅楼呈"器"字形结构排列。从人民大街上看来，就可以直接看到通透恢弘的主建筑。同时，四个辅楼在主楼旁形成四个广场，无论是视觉上还是实际利用上，都比传统单一的两栋楼格局要科学合理得多。

四个辅楼分别拥有着不同的功能，紧靠着人民大街的两栋辅楼分别是市民接待中心和城市展示中心，西侧的两座辅楼分别是会议中心和后勤保障中心。项目投入使用后，得到各方好评，并多次获得大奖。

The Library of Jilin Province
吉林省图书馆

设计单位：深圳市建筑设计研究总院有限公司与吉林绿地建筑工程事务所联合体
设计时间：2009—2010年

吉林省图书馆新馆为省级大型公共性图书馆，项目位于长春市南部，毗邻长春市人民政府。设计藏书量为 500 万册，阅览座位 3 000 个，网络终端 4 000 个，日均接待读者能力 6 000 人次。

2009 年该项目面向全球展开方案征集，德国 gmp、澳大利亚伍兹贝格、华南理工大学设计院、深圳市建筑设计研究总院、吉林绿地、吉林省院等多家知名设计企业参与竞标。经过 3 轮方案竞赛及专家评审修改，深圳市建筑设计研究总院有限公司与吉林绿地建筑工程事务所联合体中标。中标方案在充分吸取专家、业主、社会各界的建议的基础上做出多轮优化修改，力求为吉林省打造一处品质优越、空间怡人的城市客厅。

本工程地下一层，地上五层，总建筑面积为 52 990 平方米，其中地上建筑面积 37 152 平方米，地下建筑面积 15 838 平方米，建筑总高度为 26.40 米。

设计中充分体现"以人为本"的设计理念，根据读者阅读习惯和心理感受来划分图书馆的功能布局，为读者提供更加舒适、安全、节能及高效的阅读空间和环境。图书馆内部中庭空间层次丰富，围绕中庭，既可远眺，又可俯看，远近内外之间给读者以时空交错之感。

建筑立面造型务求体现现代图书馆建筑的特点，突出建筑体量的虚实对比以及饰面材料的质感对比，注重细部设计，创造出个性鲜明的建筑形象，使图书馆的使用功能与立面造型相统一。本工程在利用清洁能源方面做出了积极的尝试。建筑屋顶设置有架空太阳能光伏电池板，为馆区提供灌溉和夜间室外照明用电。地源热泵技术的应用，大大降低了冬季采暖方面的投入。目前该项目主体工程已基本完工，正在进行紧张的后续内部装修设计。

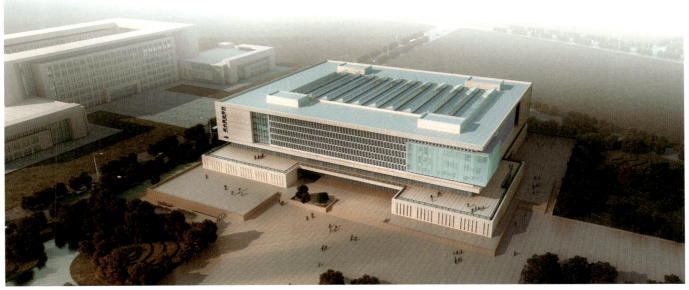

为配合吉林建设文化大省，并与"国家区域性中心城市、综合性门户城市、中国最大的汽车工业城市和新中国电影工业摇篮"的长春城市定位相吻合，作为引领长春政治文化中心区建筑群的重要地标建筑——长春市城市规划展览馆，选址于南部新城市级行政办公区域内，友谊公园以南，邮政枢纽以西地块，用地面积约 7.3 万平方米，与长春市博物馆及文化艺术展览馆合建，预计 2013 年上半年建成。

从城市格局的角度来说，项目用地位于市政府西南方向，此方位为生发之地，适宜温和圆润的造型，与市政府在大的空间尺度里，形成阴阳的平衡。城市规划展览馆总面积约 2 万平方米。

设计方案引用"流绿都市"的城市设计理念，定义为"流绿都市中绽放的城市之花"，力求形式与内容完美结合。流绿是多少年长春规划传承下的规划文化遗产，是长春最具有特色的文化。作为城市规划展览馆的设计理念更应该延续这种流绿都市理念，并且肩负着昭示长春未来新城的责任。方案选择温婉圆润的造型，与市政府大楼交相辉映，犹如绽放的城市之花，优雅地坐落在一片绿色海洋中。自由奔放的花朵建筑形态造型也犹如在政府大楼前案几上的城市如意，抒发着政府书写城市美好未来的激情。规划展览馆积极向上展开和开放性形态充分体现了长春城市文化精神。在建筑的手法处理上，方案选择了统一的建筑语言——横向的线条。建筑立面的等高线式的线条处理手法隐喻长春当地的丘陵地域文化特征。

The African Woodcarving Art Museum of Changchun
长春市非洲木雕艺术博物馆

设计单位：华南理工大学建筑设计研究院
设计时间：2008年

体量组合

总平面图

长春市非洲木雕艺术博物馆位于长春市世界雕塑公园内，占地面积 2 951 平方米，总建筑面积 5 640 平方米，建筑层数 2 层，总建筑高度 20.30 米。东邻亚泰大街，西侧为公园内的缓坡，场地大体平坦，绿化环境良好。

非洲木雕艺术博物馆是世界雕塑公园临亚泰大街一侧的唯一建筑。建筑设计中采取了现代的构成手法，将展厅部分和辅助部分设计为两个扭转并叠加的体量，形成内敛的形式张力，以形体质感和肌理的对比来突出建筑形象，也以此来回应感性而又独特的非洲雕塑艺术氛围。

内部空间的营造主要是希望能提供类似于马孔德木雕的原生环境，与展品特色相匹配。考虑到今后展厅使用的灵活性要求，我们在二层设置了层高为 7.2 米的主展厅，并把整个展示空间内部设计成 20 多米宽的开敞空间，形成展示空间粗犷大气又富有激情的空间特质。在平面上设置了空调管道专用的设备夹墙，以实现屋顶空间的纯净感；结合结构梁局部设置的天窗为雕塑的展出提供适合的光线环境；利用建筑西侧缓坡绿化的良好景观，在展厅西侧布置了小面积的咖啡休息厅，为观众提供休息和交流的空间。

The Extention Project of Changchun Cemetery of Revolutionary Martyrs

长春革命烈士陵园扩建工程

设计单位：华南理工大学建筑设计研究院
设计时间：2007年

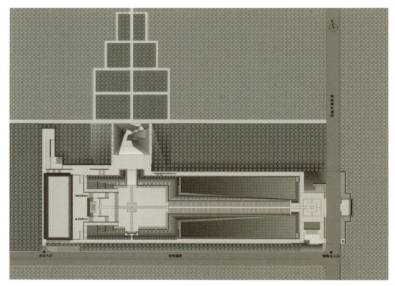

总平面图

长春革命烈士陵园位于长春市东郊，本工程为原有陵园的扩建部分，占地 7.04 公顷，包括入口广场、甬道、纪念草坪、下沉纪念广场、革命烈士纪念馆、纪念馆入口广场、革命烈士纪念碑以及纪念碑前广场等多个部分。本项目由何镜堂院士主持设计，2008 年建成。

整个陵园的空间布局，在继承传统纪念性空间创作手法的基础上，运用地景式的设计手法回应场地特征，营造庄严、肃穆的纪念性场所，空间序列变化有致、节奏分明。入口广场端庄、静谧，奠定了陵园的主基调，净化了观者的心绪；长达百余米的下行式甬道空间低沉连绵，逐渐调动起观者的情感，强化空间氛围；下沉纪念主广场空间开阔，革命烈士纪念馆及主题雕塑气势悲壮雄浑，革命烈士纪念碑造型高亢激越，通过特殊的

空间感染力和环境表现力，唤起观者心灵的共鸣，成为整个空间序列的高潮部分；北侧陵园中原有的烈士墓区，空间规整，气氛低沉，节奏转入平缓，为空间序列的尾声。

革命烈士纪念馆在陵园整体布局上，立意为主雕塑的背景墙，其形体方整稳重，象征长春革命历史和革命精神的载体。革命烈士纪念碑，形体硬朗、简洁而富有变化，整个纪念碑和周围环境浑然一体，突破我国传统的烈士纪念碑的创作模式，将纪念碑的基座与周围环境有机地结合在一起，并随草坪渐渐隆起，碑身从基座中直冲而出，极具动势，犹如春笋从大地之中破土而出，表现出一种来源于烈士长眠的土地的顽强的生命力。纪念碑形体如一面军刀直插云霄，逐渐消失于苍穹之中，象征长春先烈的革命精神与天地共存，与日月同辉。

The Olympic Center of Changchun
长春奥林匹克中心

设计单位：北京华清安地建筑设计有限公司
设计时间：2010年

总平面图

长春奥林匹克公园用地总面积 49.6 万平方米，其中：体育场馆用地面积 47.5 万平方米，配套酒店用地面积 2.1 万平方米；全区总建筑面积约 32.5 万平方米，其中体育场馆建筑总面积 21.2 万平方米，体育运动学校及运动员公寓建筑面积约 6.3 万平方米，配套酒店建筑面积约 5 万平方米。长春奥林匹克公园内各场馆按甲级体育建筑进行设计，赛事定位为全国性综合比赛和部分项目的国际单项比赛，赛后定位为区域健身娱乐中心、休闲旅游中心、商务会展中心、体育培训中心、青少年体育活动基地、竞技训练基地等。

设计坚持以人为本的原则，以服务于体育竞赛为宗旨，做到规模合理、功能适用、经济高效，从未来承办国际国内赛事和开展群众健身、运动训练、产业开发、休闲娱乐需要出发，坚持建设环保、节能、精品体育设施和可持续发展理念，本着政府主导、市场运作原则，主体育场位于规划用地中心位置，统领全局。游泳馆、体育馆、全民健身中心、射击射箭馆与自行车馆围绕体育场呈放射性展开布置，并以环廊将各场馆立体相连。五馆将体育场围合在核心位置，既突出了主体育场的重要性，又极力表现了各个馆的运动张力。

The Folk Museum of Northeast Area
东北民俗馆

设计单位：北京华清安地建筑设计有限公司
设计时间：2009—2011年

东北民族民俗馆是原长春市科技馆的改造工程，位于世纪广场东南角。新改造后的建筑定位为展示东北地区民族民俗文化的展览馆，将着重展示东北地区从有历史记载至今的民族发展及民俗史，同时展示长春市建市至今200多年的历史。本建筑主要功能由展览、库房、办公三部分组成，并设置附属配套用房，总建筑面积20 222平方米。

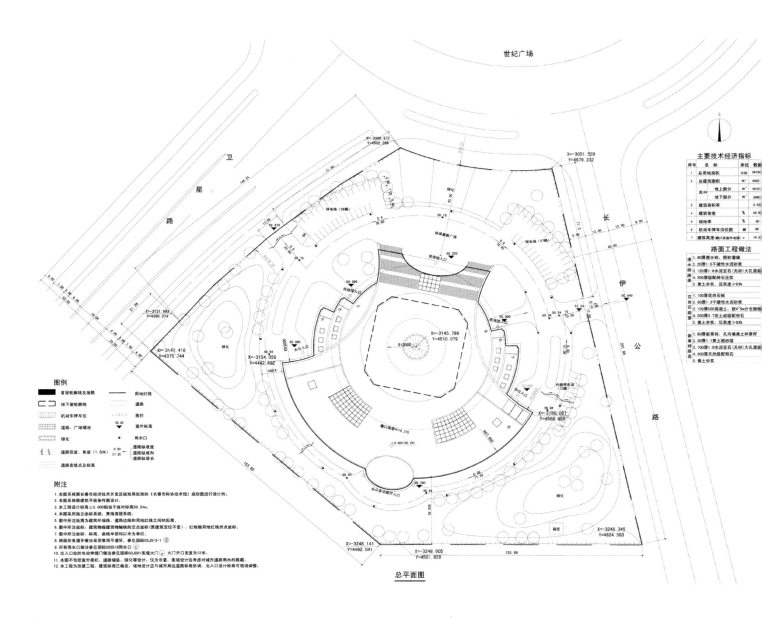

总平面图

Park and Square
公园广场

The Urban Ecological Wetland Park in the Northeast of Changchun
长东北城市生态湿地公园

设计单位：杭州园林设计院股份有限公司
设计时间：2009年

长东北城市生态湿地公园位于长春市东北部，规划面积 11.97 平方千米（其中湿地面积 7.37 平方千米，河道面积 4.6 平方千米）。公园以绿色人文主义为设计理念，总体分为内湖区和外河区，由城市休闲功能带、长岛生态过渡带、绿色生态隔离带相隔，公园共规划形成北城艺风——都市活力区、柳堤·枫岛·桦塘——特色植物景观区、水上邻里——度假休闲区等十大景观分区，是东北最大的城市生态湿地公园。园区现有各类珍惜树种近百种，各种野生鸟类 10 余种。公园路旁陈列有 101 个国

家和地区的 400 余名雕塑家提交的 1 268 件作品中精选出来的 108 件雕塑作品。

2013 年 2 月 4 日，长春高新区长东北城市生态湿地公园被国家林业局命名为长春北湖国家湿地公园。未来，长东北城市生态湿地公园将依托丰富湿地资源优势，结合东北地区季节特点，设置更为多样、有地方特色的各类互动项目，力争打造一个集休闲、文化、娱乐为一体的大型城市生态湿地综合体。

The Guanlanhu Park of Changchun
长春市观澜湖公园

设计单位：吉林土木风建筑工程设计有限公司
设计时间：2007年

观澜湖公园位于长春高新技术产业开发区南区中心，蔚山路以北，硅谷大街以南。公园总面积为30公顷，其中湖面积为10公顷，景观绿化面积为18公顷。

本项目规划从用地现状出发，利用湖面自然曲线构图，在功能分区、交通系统组织构建与空间营造等方面充分考虑。整个公园以湖面为主，围绕湖面主要形成三个功能大区：入口景观区、湖心区、滨湖休闲区。

设计采用生态自然和人文艺术相结合的手法，融入了欧洲特色的文学、建筑、音乐等元素，使得生态的滨水空间更富有诗情画意的灵性。主入口景观大道以亨利广场、中心广场、泰晤士桥为主景同时配以主题雕塑呈现东西向景观带，景观大道与湖面形成曲直对比，相互辉映；湖心桥景观以伊丽莎白广场、布赖顿广场、肯辛顿之桥、肯辛顿之亭、维多利亚广场、休闲广场为主的跨湖景观带；沿河景观带以史蒂芬湿地、威廉之亭、威灵顿码头、乔治广场、瀑布广场、木栈道为主的沿湖景观带。

绿化设计以生态自然式种植为主，结合欧洲规则式园林风格，形成绿色生态中融合人工秩序的优美效果。植物因地选材，塑造出符合长春市城市可持续发展的观澜湖形象和生态环境空间。植物设计种类多样，搭配层次丰富。在生态学的理论指导下，充分利用植物的生态习性来进行多品种搭配，使各个植物能充分得到个体适合的生态环境，形成相互依托、相互保护的生态关系。本设计在品种的选择上采取适地适树的原则，乡土树种为主，兼顾多样性的需要，种植能够适应本地生长的少数外来植物。

Project Design for the Front Square of Old Changchun Film Studio
长影老厂区门前广场设计

编制单位：长春市城乡规划设计研究院
编制时间：2010年

方案 1

方案 3

规划地块位于朝阳区核心地段，红旗街与湖西路交会处以东，规划用地 6.15 公顷，分为广场区（2.54 公顷）与保留建筑区（3.61 公顷）。

广场在功能上注重对城市活力轴线的延续，且对电影艺术文化给予良好的保护与开发的同时，使得广场在功能上分别与南湖公园、朝阳公园构成了红旗街商圈在不同轴向的疏解空间，使其成为城市中具有鲜明特色的休闲娱乐场所。

通过对其区域功能、历史文化价值以及其应有的定位分析，明确方案应主要针对其对历史的纪念性、对电影节的辅助性、对电影文化主题的明确性、对市民文化生活的推广性四方面来加以设计。

方案一，特点是以电影主题广场作为载体，以电影元素为工具，通过时代符号引导，达到对长影最辉煌的 60 年代的重现与回忆。着重从荣耀、历史、积淀三方面对广场进行设计，并对构思框架做出具体的空间体现。

方案二，让市民广场依托该地块独有的历史底蕴，结合市民的日常生活和休憩活动，使他们在闲暇徜徉中了解知识，品味城市曾经的故事，抒发自己的情怀，在繁忙的都市中央找回自己向往的自然生活，让广场成为展示市民新文化生活的舞台。

方案三，以时间长河为引导，以长影 60 年历程为主线，运用艺术与现代相结合的方式，追寻历史长河中长影人探索的一处处足迹，追忆长影在每个时代留下的一个个段落，展望长影光灿夺目的明天。

方案四，以波兰瓦津基公园的肖邦广场为原型，借用其简洁、典雅的古典式构图，突出浓郁的艺术气息，配以开敞大气的市民广场，来实现艺术性与实用性的完美结合。在这里没有通俗高雅之分，没有中西环境之别，没有时尚古典的对立，所有的艺术表现形式都能够在这里汇聚与展示，满足市民对城市空间环境日益增长的艺术审美需求。

方案 2

方案 4

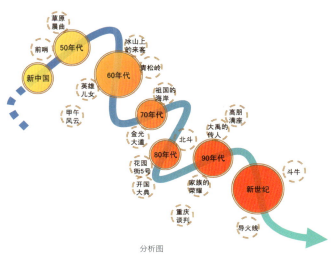

草原晨曲
前哨
冰山上的来客
新中国
50年代
青松岭
60年代
英雄儿女
祖国的海岸
甲午风云
70年代
高朋满座
金光大道
北斗
大禹的传人
花园街5号
80年代
90年代
斗牛
开国大典
家族的荣耀
新世纪
重庆谈判
导火线

分析图

Planning for Changchun Four Seasons Kids Land

长春市四季儿童公园规划

编制单位：长春市城乡规划设计研究院
编制时间：2007—2008年

儿童四季公园位于宽城区凯旋路两侧，是落实《长春市宽城区铁北地区发展战略规划》中规划滨水生态景观带建设的具体项目。规划从区域发展的视角，研究确定公园的定位和功能；充分利用场地特征，提出设计构思和主题；在公园设计中，研究不同年龄孩子的需求，以激发孩子的想象力和创造力，提出"场所非设施"和"真正的玩"等观点，力图创造一个不同以往的儿童公园。

本儿童公园设计方案以不同年龄儿童的成长阶段为线索，结合场地条件，设计主题确定为"成长的四季"，即四季儿童公园，

包括童趣季、挑战季、博学季、欢乐季四个主题公园。

童趣季园区：童趣季园区的设计以童话故事为线索，以水、泥土、植被等天然素材表达，让每个进入童趣季的儿童都能够置身童话世界。

挑战季园区：挑战季园区是一处由浅溪、树林、石滩、小径、木桥等组成，野趣盎然的儿童活动空间。挑战季主要分为拓展野训、冒险丛林、骑士馆活动区。

总平面图

博学季园区：博学季是一处以自然景观与人工景观有机结合，以"博学"为主题，以科普知识与文化内涵相结合，教育与游戏相结合，让孩子们在游戏中学习，在游戏中思考，寓教于乐，培养儿童的科普认知、探索精神，培养克服困难的勇气和对于中华民族文化的认同感的主题园区。

欢乐季园区：采用商业方式运营管理的主题游乐园，为长春市北部新城及周边地区提供的一个新型娱乐游戏场所。全园以欢乐为主题，将体验式的休闲活动融入游乐项目之中，让游客感受快乐、刺激、趣味多彩的休闲氛围。

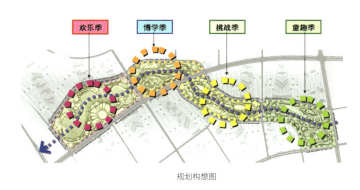

规划构想图

Planning for Changchun Kuanfu Park
长春市宽府公园规划设计

设计单位：上海法奥建筑与城市规划联合设计有限公司
设计时间：2006—2007年

宽府公园位于宽城区政府南侧。景观设计理念主要由广场、水面及春、夏、秋、冬四季景园三部分组成。广场空间为贴合政府的景观性广场，形式上为中轴对称式。

春季景区以花卉和踏春活动为景观特色，穿插在建筑中和水边的广场均以早春花卉、植物为主题，同时将人们的春季活动和休闲娱乐组织在空间中，营造出绚烂的春季特色景观。

夏季的景观特色为林荫的大树和纳凉的广场以及特色的荷花池，营造出空间丰富、形态多样的避暑纳凉的夏季景区。围绕在荷花池边的观景广场和长廊叠水营造出了夏季休闲的动感空间。

秋季景区以色叶植物和果树搭配为特色，营造出秋天层林尽染的景观效果，穿插在水边并且被树木所包围的小型活动空间，为人们在秋日里的活动提供了场所，驳岸的水体蜿蜒曲折，更好地配合了秋景的效果。

冬季景区的特色为敞开式的大空间，树木植物在冰雪的交融下给人们难以想象的洁白。水体在冬季形成了天然的冰场，融合了多种活动空间。为人们冬季的锻炼和各种丰富的民俗活动，如滑冰、溜冰猴、滑爬犁等提供了不同的场所，成为北部新城独有的冬季特色。

公园始建于 2007 年 3 月，并于 2008 年末交付使用。建设总投资约 1.6 亿元。

总平面图

Campus Planning
校园规划

New Campus Planning of Jilin Construction and Engineering College

吉林建筑工程学院新校区规划

设计单位：上海同济城市规划设计研究院、吉林建筑工程学院设计院
设计时间：2005—2006年

吉林建筑工程学院新校园规划以长春市净月高新开发区的山水生态和绿色风貌为背景，配合开发区中心道路骨架、生态水系和绿带形成南北两个园区，北区为教学核心区，南区为科技研发、研究生及职业教育发展园区。校园规划体现整体性、生态性、人本性原则。规划布局充分利用地形地貌的原有形态，构建曲线、放射型道路系统作为骨架以体现"和谐、包容、生态"的规划理念。

校园北区以图书馆作为城市和校园地标性建筑，统领公共教学楼、实验楼、行政楼共同形成椭圆形和谐统一的建筑群体，并围合形成校园公共、开放的核心区域。核心区域的微型山体、台地绿化、阶台式广场面积达10万平方米；围绕核心空间放射布局院系专业教学区、生活区、体育场馆等建筑群体和空间，形成紧密、便捷的联系。校园规划设计结构新颖、布局大气和谐，利用坡地规划若干广场，形成便于集散、易于交往、充满活力的校园活动场所。

学校发挥自身优势，在建设过程中不断调整和完善规划和建筑设计。校园建筑群体空间紧凑，大量节约建设用地，增加开放空间和绿地；校园总体功能完善，建筑形态设计风格统一，造型别致，建筑材料朴实无华；校园绿色景观和人文环境优雅，大学氛围浓郁。

Jingyue Campus of Changchun Taxation College Planning
长春税务学院净月校区规划

设计单位：北京华清安地建筑设计事务所有限公司、北京中元工程设计顾问公司、吉林省建筑设计院
设计时间：2004—2005年

长春税务学院新校区位于长春净月旅游开发区。规划占地 123 公顷，总建筑面积近 32 万平方米。其中一期工程占地 58 万平方米，建筑面积近 22 万平方米，主要包括教学楼、实验楼、图书馆和 2 个学生食堂、10 栋学生宿舍等。通过对城市规划肌理、建设基地道路脉络、空间组织序列、建筑组合方式全方位多角度的分析，我们确立了净月校区有机的、理性的、网络化的校园规划结构。我们把教学区作为整个校园的核心，通过几条放射状的轴线和校门、行政办公区、生活区和体育活动区连接起来，轴线的焦点是由图书馆、教学楼和实验楼等围合成圆形中央广场，半径有 50 米。每个轴线的终点都有特色各异的广场呼应。校园规划和地形有机结合，山水交融，形成不可分割的整体。整治泄洪沟，结合原有池塘形成水景和湿地公园。宿舍规划沿山体等高线曲线布局，同时养护山体作为校园的制高点和风景区。采用适应东北地域气候围合布局模式，形成不同的功能群落，群落内部以连廊联系，以实现建筑内部空间的通达性。注重校园景观的标志性及道路景观的连续性，校园内部通过多条轴线上的建筑对景关系，创造出校园景观的多处视觉中心，达到多层次的空间美感。建筑以现代风格为主，突出税务学院的特点，端庄、稳重、气派。以方正体型为主，进行立体构成，形成多变灵巧、丰富、流畅的空间效果和视觉效果，给人以新的体验。建筑和材料以咖啡色面砖为主，局部采用玻璃幕墙和钢结构。建筑师和甲方亲自到工厂挑选面砖的色彩和肌理。

Campus Planning of Jilin Huaqiao Foreign Languages University

吉林华桥外国语学院校园规划

设计单位：北京华清安地建筑设计事务所有限公司
设计时间：2008年

吉林华桥外国语学院校区二期建设规划方案遵循"以人为本"的设计思想，体现出文化景观、色彩景观、旅游景观和建筑景观，各区分布有利于学科交叉，有利于提高教学科研水平和高素质人才培养，有利于提高管理水平和办学效益，同时要为深化教育改革和学校事业的持续发展留有充分余地，努力营造一种宁静、高雅、健康向上的校园氛围，形成个体特点鲜明、总体和谐协调、布局科学合理、反映时代特色的山水校园环境。

总体布局：1. 合理的功能分区，根据校园建设的有机机能，将规划用地划分成教学区、行政办公区、学生生活区、体育运动区等几大区域，避免干扰动静分离。2. 坚持以人的行为规律指导规划，充分考虑人的活动，创造人性化的校园交往空间。3. 由于学院坐落在风景秀丽的长春净月潭旅游风景区，因此规划的重点放在创造生态园林化的校园环境，注重校园生态化建设，营造有机自然的山水校园环境。4. 山水环绕的自然气息与中西合璧的建筑风格，凸显了自然与人文的统一。5. 校园规划近远期结合，注重实效性与规模化，在分期实施的基础上使近期建设尽量形成规模，保证建成的整体效果，充分考虑规划的可操作性。

Campus Planning of Changchun Elderly Cadres University
长春老年干部大学规划

设计单位：吉林土木风建筑工程设计有限公司
设计时间：2011年

长春市老年干部大学是长春市的重点项目，位于长春市亚泰大街与繁荣路交会的东南侧，基地用地面积为 43 100 平方米，总建筑面积 50 000 平方米。此项目为集艺术剧场、展览馆、书画院、图书馆、游泳馆、文体活动、教学、多功能大厅、办公等功能为一体的综合性建筑。在基地面积条件有限的情况下，规划将上述各功能有机整合为一栋文化综合体，既节约用地，为老年人提供充足的室外活动场地，同时又考虑北方的气候特点，以方便老年人在室内能顺利到达各功能分区。

建筑外部空间追求简约现代，虚实对比中注重文化内涵的挖掘。采取简明方正的形态和紧凑的封闭的内向式空间，争取最大的使用效率及灵活性。设计一方面进行必要的功能整合和秩序组织，同时充分利用不同艺术活动的聚合和互动效应，制造多种正式或偶发的交流场合，激发场所的活力。叠石一般的建筑形态是其功能和空间特征的自然展示。大小不一的体块错综叠置，传达出内部空间的多元和张力，内部空间简洁丰富，在满足功能的同时，又具有高度的文化艺术特征。力求打造一个高品质的老年学习之家。

New Campus Planning of Changchun Automobile Industry Insititute

长春汽车工业高等专科学校新校区设计

设计单位：长春市城乡规划设计研究院
设计时间：2009年

长春汽车工业高等专科学校新校区位于长春汽车产业开发区内，规划用地 50 公顷。由于独特的区位以及汽车产业在长春市的重要影响，此次对新校区的设计必须从整个城市格局、汽车产业发展的高度进行综合研究；同时，选择的空间形式必须反映学校的办学模式理念，即形式服务于功能。

规划遵循"实用、开放、生态"的设计理念，采用与生态廊道方向一致的三翼式空间结构，即南翼教学翼、中翼公共翼、北翼生活翼。南翼教学翼紧邻东风大街，由公共教学楼、综合实训中心、对外培训形成完整教学链。中翼公共翼由行政楼、图书馆、文体活动中心组成，是生态、自然的公共服务区：中央绿地坡地上，分为三个公园化的生态园区，各园区中央都有一处生态岛屿，分别实现三项公共服务功能。北翼生活翼可作为中央公园的背景区，连续、简捷。这里一改南、中两翼的大尺度空间，而调整为紧凑、安全、宜人的小尺度空间。生活翼设有小尺度的内街轴线，将运动、宿舍、食堂、学院串联。

Historical Building Repairing
历史建筑修复

Renovation Design for Historic Constructions of North Renmin Street

长春市人民大街北段历史建筑修缮工程

复原设计单位：长春市城乡规划设计研究院

复原设计时间：2008年

人民大街北段历史建筑修缮工程是针对人民大街的火车站至胜利公园段，共42栋建筑的修缮。

人民大街是整个城市发展的历史纪录，它的建设和发展历史就是长春建设发展的历史。规划用地位于当年满铁附属地内，建筑形象及风格集中反映了长春市城市发展初期各阶段的建筑潮流，宛如是长春市的近代建筑博物馆。本区域建筑群对长春市的建筑历史文脉的研究，具有十分重要的研究价值和意义。

本规划主要研究内容为历史建筑的保护与恢复，街道空间环境的治理。规划编制了《人民大街火车站至胜利公园段棚户区历史建筑修缮引导一览表》。绘制了10栋重点复原建筑的立面施

工详图、2栋复建建筑的立面施工详图、31栋简单修复建筑的立面详图。提出对人民大街火车站至胜利公园段两侧地块的平面环境、立面、广告和夜景的整治规划。

本规划地段作为集中展现长春市近代建筑特色及城市发展历程的区域，在整治规划中以保护历史街区的风貌完整性和从人文、自然背景条件出发，发现其蕴含的风貌特色，确定建筑统一风格，并从中提取出具有代表性的、反映同时代建筑特点的特征，作为"母题"加以应用。通过"母题"的多次重复、再现、提示、强化视觉效果。通过街道绿化、小品、节点空间、橱窗、牌匾、门窗、立面材质等街道"家具"的灵活安排和使用，打造和展现富有长春特色的门户景观。

历史建筑修复效果图

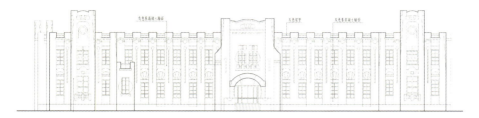

大和旅馆（今春谊宾馆）复原图

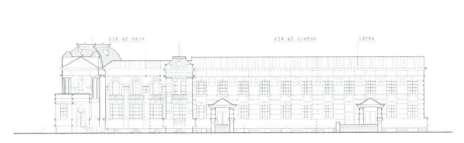

中央通邮电局（今宽城邮政局）复原图

总平面图

人民大街东侧建筑现状立面图

人民大街东侧建筑规划立面图

人民大街西侧建筑现状立面图

人民大街西侧建筑规划立面图

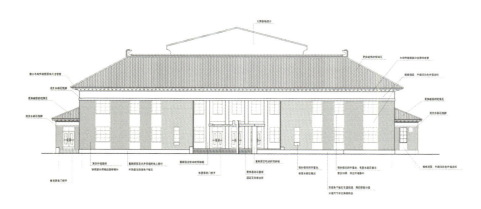

立面图

Renovation Design of Changchun Theatre
长春话剧院复原修缮设计

复原设计单位：吉林建筑工程学院
复原设计时间：2007年

长春话剧院的位置原来是满铁附属地内的长春纪念公会堂（也称作长春纪念馆），该建筑是为了纪念日本大正天皇继位十周年而建造的，始建于1921年5月。伪满时期对该建筑进行了扩建，在现在剧场的位置增建了一个具有集会功能的大厅，并将该建筑更名为"新京御大典纪念馆"。1939年8月末，新京御大典纪念馆发生火灾，西侧的会堂部分被烧毁，东侧的建筑得以幸免。后来受市公署委托，日本建筑师中山克己负责新纪念公会堂的建筑设计。新纪念公会堂为两组建筑组成，风格各异，南侧建筑基本是在原有建筑的基础上改造而成，为日本传统式风格的屋顶与现代建筑相结合的形式，即今天的长春话剧院。该建筑1939年9月开始施工，1940年6月竣工。

长春话剧院为砖混结构，地上二层，局部地下一层，实心红砖墙，坡屋顶，木结构屋架，绿色琉璃瓦屋面。建筑面积为1541平方米（含局部地下室约336平方米）。建筑主体结构完好，在复原修缮过程中不需要对结构进行特殊加固。

Renovation Design of The Russian Consulate
长春市沙俄领事馆复原修缮设计

复原设计单位：吉林建筑工程学院
复原设计时间：2010年

沙俄领事馆旧影

长春沙俄领事馆是长春开埠后比较早建立的领事馆，也是目前长春唯一存留下来的使馆建筑。该建筑建成于1914年，已经有近百年的历史。1920年9月停止使馆功能之后，曾经被其他多个部门使用，伪满时期曾经作过最高法院。解放后，这里被改造成为长春市橡胶八厂的职工宿舍，最多时居住着几十户人家。现为长春市文物保护单位。

长春沙俄领事馆旧址地上二层，并建有半地下室一层，总建筑面积1 510平方米。其中：地下室690平方米，地上820平方米。该建筑主体为砖混结构，内墙为370毫米厚青砖墙，外墙为600毫米厚青砖墙。楼梯、走廊和局部房间为工字钢梁与砖拱结合的楼板形式，其他为木制楼板。局部内隔墙为木板条抹灰墙。建筑采用木屋架，部分曾经遭受火灾的木屋架仍然在使用，室内全部采用木板条抹灰吊顶。通过对该建筑进行初步的结构检测，认为该建筑虽然局部有贯通性裂缝，但是主体结构完好，在复原修缮过程中对原有建筑结构进行加固后可以继续安全使用。

作为目前长春为数不多的百年建筑，长春沙俄领事馆具有特殊的历史与文化价值。它是长春历史上第一个水泥砂浆抹面的建筑。其特殊的结构形式在长春近代建筑历史中独树一帜。

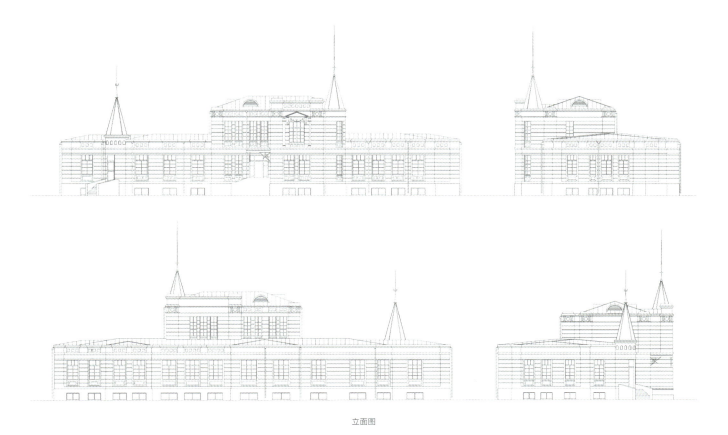

立面图

Renovation Design for Acrobatics Palace of Changchun
长春杂技宫复原修缮设计

复原设计单位：吉林建筑工程学院
复原设计时间：2007年

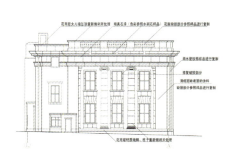

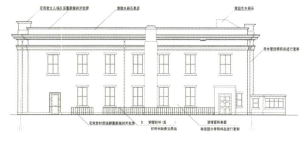

立面图

长春杂技宫复原修缮项目的前身是建于当年满铁附属地内的日本横滨正金银行长春支行，该建筑始建于1922年，是满铁附属地内建成的重要建筑，也是长春市现存历史比较悠久、保存比较完整的重要历史建筑。

长春杂技宫复原修缮项目分为主楼与附属建筑两部分，主楼为混合结构，中间大厅为内框架。地下一层，地上二层，钢结构屋架，钢板网混凝土屋面板，檐沟排水。外围护墙体为实心砖墙，内隔墙为木柱钢板网抹灰空心墙，局部为砖墙和钢筋混凝土墙。

主楼建筑经历过多次改建，建筑面积为1 638平方米（包括地下室部分）。主楼北侧有三栋二层的附属建筑，建筑面积为360平方米，混合结构，木屋架，坡屋顶，瓦屋面，檐沟排水。主楼北侧的三栋二层的附属建筑属于紫线保护建筑，与主楼同期建成，保存比较完好，外墙瓷砖色彩与主楼相同，本次与主楼一起进行复原修缮。

Residential District Planning
住区规划

Poly Group · Violet Valley
保利·罗兰香谷

投资商/开发商：保利（长春）地产投资有限公司
设计时间：2007年

保利·罗兰香谷位于电台街1999号，项目占地50.3万平方米，产品规划中有联排别墅、7.5层电梯洋房、小高层和高层。

依靠景观次轴，依次设置建筑面积140平方米和130平方米的小高层产品。沿城市干道边侧设置建筑面积90平方米的小户型产品和公寓，同时辅以底层商业。小区在东、西两侧各设一个小区主入口，结合中心景观，以一条环形居住区级主干道连接南北两区和各个组团空间。同时用次级道路保证小区整体的通达性，使出入畅达方便。停车位的配置，以车库、地下车库为主，辅以次级道路两侧的地面停车位。规划充分考虑了出入的方便性和小区整体的交通安全性，地下车库出入口及地面停车位的布置，力求保证宅间纯人行积极活动空间，以维护小区内主干道的交通安全和组团间安静的居住氛围。

600米×80米的东西向中央水系景观带是项目最重要，也是最先展示在业主面前的景观，它是整个社区景观设计风格的先驱和典范。灵动蜿蜒的水系和独具特色的"香谷十颂"主题景观是保利·罗兰香谷园林规划的两大亮点。

Livon Group · Flamenco
力旺·弗朗明歌

投资商/开发商：力旺集团吉林省盛荣房地产开发有限公司
设计时间：2009年

力旺·弗朗明歌，定位于"国际长春·顶级城市别墅生活区"，产品类型有联排别墅、独栋别墅、洋房、高层、精装公寓及商业。

力旺·弗朗明歌，位于南环城路与临河街交会处，长春市政府城市别墅生活特区，东依临河街以东，西临伊通河，北靠南环城路及8万平方米绿化组团，南侧为城市规划路。临河街将项目分隔为东西两块。整个项目与长春国际雕塑公园隔河相望，距市政府2千米距离，随着南部新城的建设，将有5 000多亿的资金注入南城，这里将成为长春最高端、最繁华的经济中心之一，既能畅享城市的繁华，又保持了与城市适当的距离。

力旺·弗朗明歌总占地面积近36万平方米，总建筑面积约44万平方米，由力旺集团倾心打造。整个建筑传承了西班牙500年建筑精神，以纯粹手工建筑形态打造。从温暖怀旧的材质肌理的选定到质朴传统的手工工艺的运用，均细细打磨，用心雕琢。每一栋房子从外立面形式到券柱、窗花、屋顶、露台等细节都可以看到不同的创意所在。

CITIC Group · Jingyue Mountain
中信 · 净月山

投资商/开发商：长春中信鸿泰置业有限公司
设计时间：2008年

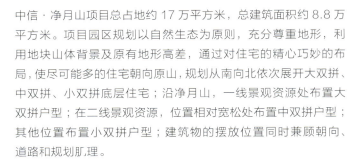

中信·净月山项目总占地约17万平方米，总建筑面积约8.8万平方米。项目园区规划以自然生态为原则，充分尊重地形，利用地块山体背景及原有地形高差，通过对住宅的精心巧妙的布局，使尽可能多的住宅朝向原山，规划从南向北依次展开大双拼、中双拼、小双拼底层住宅；沿净月山，一线景观资源处布置大双拼户型；在二线景观资源，位置相对宽松处布置中双拼户型；其他位置布置小双拼户型；建筑物的摆放位置同时兼顾朝向、道路和规划肌理。

净月山的园林景观设计灵感来源于法国卢瓦尔河谷古堡群，作为法国浪漫风情文化最具代表性的两个发源地之一，卢瓦尔河谷以其恬静、古典、纯粹的法兰西特色名扬世界，其特有的山地地形及自然景观资源更是成为法国历史上众多国王选址宫殿的不二之处。在景观的规划设计中，我们在设计时充分考虑了项目得天独厚的生态资源优势、山地地形优势以及建筑风格的搭配统一，以恬静、自然为设计主题，吸取了中信地产多年来豪宅开发的成功经验以及卢瓦尔河谷的景观规划精髓，打造出一个具有"中央轴线，五重山地景观，双重私家庭院"的景观体系，将园林景观更好地融合项目，形成与山体生态资源更加协调的景观规划。

Green Park·Xinli Central Mansion
绿地·新里中央公馆

投资商/开发商：上海绿地集团长春绿洋置业有限公司
设计时间：2008年

长春绿地·新里中央公馆小区住宅建筑在 A、C 两个地块，2009 年 C 区建设完成投入使用。A 地块项目规划用地 78 199 平方米，总建筑面积 23 1246 平方米，地上建筑面积 195 223 平方米，容积率 2.5。C 地块项目规划用地 84 269 平方米，总建筑面积 203 684 平方米，地上建筑面积 168 175 平方米，容积率 2.0。小区沿幸福街、丙十路、丙十二路住宅建筑下布置沿街商业用房满足区内居民的日常生活需要，A、C 区共分五个居住组团，每个组团园区地下建有停车库，实行人车分流，都有自己的组团公馆大堂做人行出入口，同时可方便会见来访客人。地下车库利用了南高北低的地形，节省了大量的土方工程量。小区内环境安全宁静。小区总体采用阿黛可式建筑风格，形成优雅的居住环境。

Vansheng · The Republic
万盛 · 理想国

投资商/开发商：长春万盛禹实置业有限公司
设计时间：2009年

万盛·理想国，是北京万盛继成功运作二道区万盛·中央一品之后，于长春斥巨资启动的第二个超大规模地产项目。万盛·理想国位于西安大路和西环城路交汇处，占地面积50万平方米，总建筑面积约100万平方米，总投资额超20亿，是北京万盛旗下倾力打造的100万平方米西部领袖大盘。项目以纯正西班牙建筑风情为蓝本，将原味西班牙建筑文化与生活理念敬献给长春市民。

理想国共分6期开发建设，首创"风车式"组团规划，将地块规划成六个不同区域的组团，各组团建筑形态各异，且实施封闭式管理，组合在一起恰似一架生动的风车，增加建筑美感的

同时，也规避了项目规模过大可能会造成的人口过多、安全隐患等问题，保障了社区理想的居住品质。

随着以西客站为核心的城市副中心的崛起，万盛·理想国顺利晋身高铁物业，地块价值急速飙升，同时也成为长春市罕有的坐拥"双中心"繁华的物业。理想国距人民广场直线距离6.5千米，15分钟车程直抵长春城心，距即将通车运营的西客站仅3千米，沿项目西侧站前路驱车5分钟即可直达西客站。"双中心"的利好为理想国交通带来质的飞跃，城里城外皆瞬息接驳。

Vanke · Cedar Crest

万科 · 柏翠园

投资商/开发商：长春万科房地产开发有限公司
设计时间：2010年

万科 · 柏翠园项目（原二二八厂），规划建设美式中央城市豪宅
Park Mansion 系列，成为城市核心的绝版豪宅典范。精装城
市公园豪宅打造北中国豪宅典范。

万科 · 柏翠园总占地面积近 30 万平方米，规划容积率小于 1.8，
规划绿地率大于 30%。建筑限高预计呈梯状，西部限高 55 米，
中部限高 42 米，东部限高 35 米。从规划控制上看，此地块可
开发多层和小高层住宅，整个二二八厂地块将全部变为中高档
纯住宅小区。

COPI·No.1 South Lake
中海·南湖1号

投资商/开发商：长春中海地产有限公司
设计时间：2008年

2006年中海地产以1.8亿元摘取了这块南湖岸边的绝版之地，旨在为城市展现一个品质绝伦的地标性住宅产品。

建筑全部为6～8层，产品类型为平层、错层、复式三种形式，户型面积从167～380平方米不等，1梯2户设计，部分住宅电梯可直接入户。一层花园，顶层阁楼。深色的斜坡屋顶，大大小小的圆券和尖券侧窗，高低有秩的屋顶花园，建筑整体造型简洁、大方，比例韵律和谐统一，三段式的砖色墙面，平实而宽绰的大窗，高耸的哥特式风格的电梯塔楼，显示出建筑的稳重、大气和富贵之感，让您畅想英国维多利亚风情。

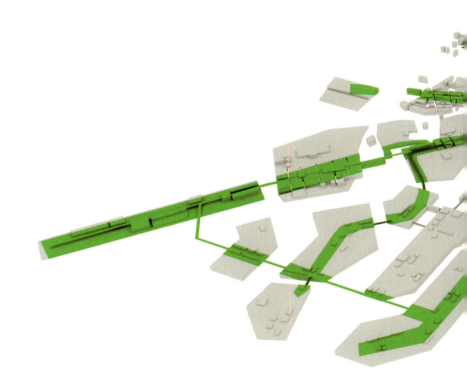

Basic Research

基础研究

Development Study of Changji Union Metropolitan Area
长吉联合都市区空间发展研究

编制单位：美国RTKL公司、长春市城乡规划设计研究院
编制时间：2011—2012年

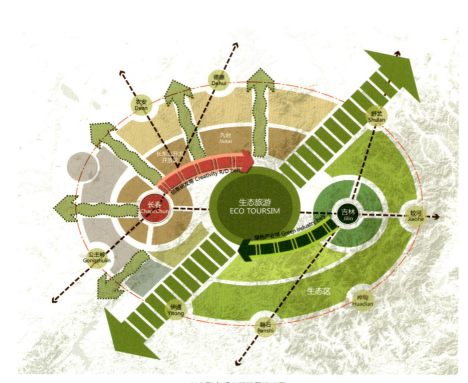

长吉联合都市区发展模式图

此项目研究目的是在长吉一体化的总体背景下，以区域观来审视长春市、吉林市的发展，进一步整合区域优势资源，以中心城市为核心，提升城市区域影响力、辐射力，带动周边城市，实现区域协调发展。同时，增强以长春为代表的长吉联合都市区在东北乃至全国的竞争力。

该研究确定以中部城市群为研究范围，长吉一体化区域为具体

规划范围，形成以"两圈两轴、梯次发展、城际合作、强轴突破"为主要发展策略，提出集全省之力，整合优化区域资源，创新发展模式，深刻剖析区域一体化内涵，将其从空间一体化扩展到产业、交通、环境资源、基础设施及政策的一体化，并以长吉两市为核心来构建结构紧密、协调有序、高度开放、绿色发展、全面国际化的联合大都市区及最具活力和竞争力的城镇群，成为中国东北亚区域战略实施的承载地。

长吉联合都市区空间结构图

中部城镇群空间结构图

长吉联合都市区土地利用规划图

Changchun Spatial Structure Optimal Study
长春市空间结构优化研究

编制单位：澳大利亚HYHW公司、长春市城乡规划设计研究院
编制时间：2011—2012年

REGIONAL STRUCTURE
ChangChun urban space development strategy
ChangChun urban space planning institute
HYHW / University College London / University of Canberra Architect

长春发展模式图

长德中心
高新北区
宽城中心
二道中心
经开中心
莲花山中心
净月中心
朝阳中心
长平中心
双阳中心

绿园中心
南关中心
高新南区中心
汽车中心

长春市综合服务中心布局规划图

此项目研究目的主要是优化梳理长春市都市区空间结构，从城市形态、结构、功能布局、多中心体系、交通、生态、基础设施等方面深入研究，提出核心空间结构体系框架，力求解决空间结构不清晰等城市核心问题，并通过商圈、广场、滨水空间等城市活力空间的优化与特色塑造，提升城市软实力，进而增强城市综合竞争力，为长春市转型成为区域性中心城市提供了科学合理、高效能、可持续发展的空间支撑。

该研究运用空间句法对城市空间形态进行了分析，并提出了在新的城市空间结构为"一核双翼，双轴多中心"的城市空间结构。

"一核"为重庆路商圈到铁北商务区之间的城市中心；"双翼"为东北、西南两大城市发展翼；"双轴"为沿伊通河两侧的人民大街西轴，仙台、东盛、远达大街为东轴；"多中心"是按照辐射区域及本地的两极化体系、综合和专业的两种类型构建的多中心体系。

长春夜景模拟图

Spatial Distribution of Population Study Based on GIS of Changchun
基于GIS的长春市中心城区人口空间分布研究

编制单位：长春市城乡规划设计研究院
编制时间：2007—2008年

长春市十年人口密度变迁图

规划充分学习和借鉴国内有关城市相关研究成果，采用科学调研方法，并首次动用行政手段，在长春市中心城区范围内，组织开展了以街道社区、镇（乡）村为单元的人口相关数据的调查与统计工作。在此基础上，汇总和整合了多个人口职能部门历年大量的人口信息数据，有效地提高了数据的准确性、可用性。

借助GIS及空间分析技术，处理分析人口数据，由原始的社区调查单一数据衍生出行政区、控规单元、地块等人口信息，揭示了

人口密度、重心等变化趋势，建立起一套多层次、开放性的现状居住人口信息系统，并重点搭建居住人口分布信息平台。为规划编制、管理以及社会事业服务等提供基础数据和有效参考。

把配套的信息系统开发也作为研究的主要内容，是对规划设计研究中新技术、新手段的一次尝试，扩大了研究成果的外延。提高了研究的实用性和成果利用的可持续性，同时也为国内规划领域研究人口信息做出了有益的探索。

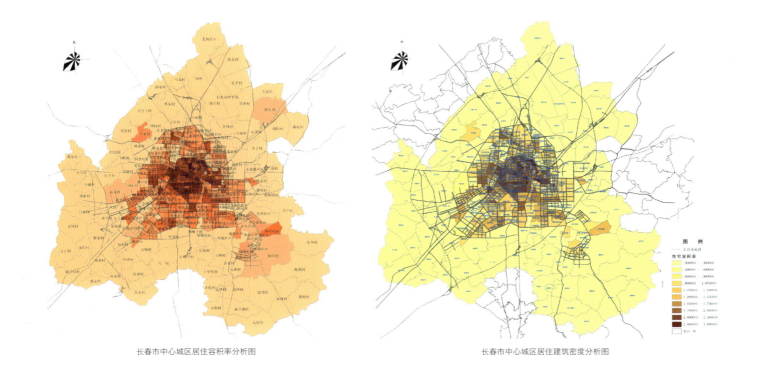

长春市中心城区居住容积率分析图

长春市中心城区居住建筑密度分析图

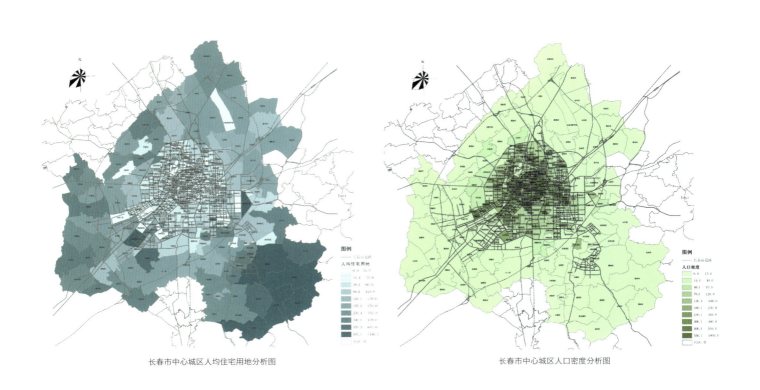

长春市中心城区人均住宅用地分析图

长春市中心城区人口密度分析图

Changchun Logistic Area Spatial Distribution Study
长春市物流用地空间布局结构研究

编制单位：长春市城乡规划设计研究院
编制时间：2010年

本次规划的目的在于结合长春市现状物流空间在城市拓展中存在的必然问题和未来的产业发展要求，提出针对于物流空间发展布局和相关配套设施的规划方案，并建立科学、完善的城市物流体系以适应城市未来的发展。

规划采用综合择优的方法对长春市未来货物运输量进行初步预测；提出了大区域、近域、市区的"三层面"物流空间整体布局构想；提出"西通、东优、南控"和"退市进区"的物流空间布局要求；针对长春市的物流运输需求，提出了"货运专用通道"和"货运通道服务区"的概念。

此规划项目是空间层面的物流研究，主要内容包括：1. 从大区域、近域、市区三个层面提出整体构想；2. 指出城市西侧适宜发展物流、城市东侧应限制、城市南侧应禁止发展物流的整体要求；3. 保证未来长春市的物流结点布置能够做到"退市进区"，分阶段外移至绕城高速外各组团内，未来形成绕城高速内部无物流的空间格局；4. 打造内外两圈层的物流通道体系，外圈层衔接城市周边县市、内圈层起到城市内部物流的周转联系作用，并形成"两圈层、五环路、分阶段、多轴向"的物流通道体系指导思想；5. 在城市西侧设置"西部货运通道"；6. 沿城市主要物流通道的对外出入口处分别设置"货运通道服务区"。

物流通道构想图

西部产业发展带

空间布局"西通、东优、南控"

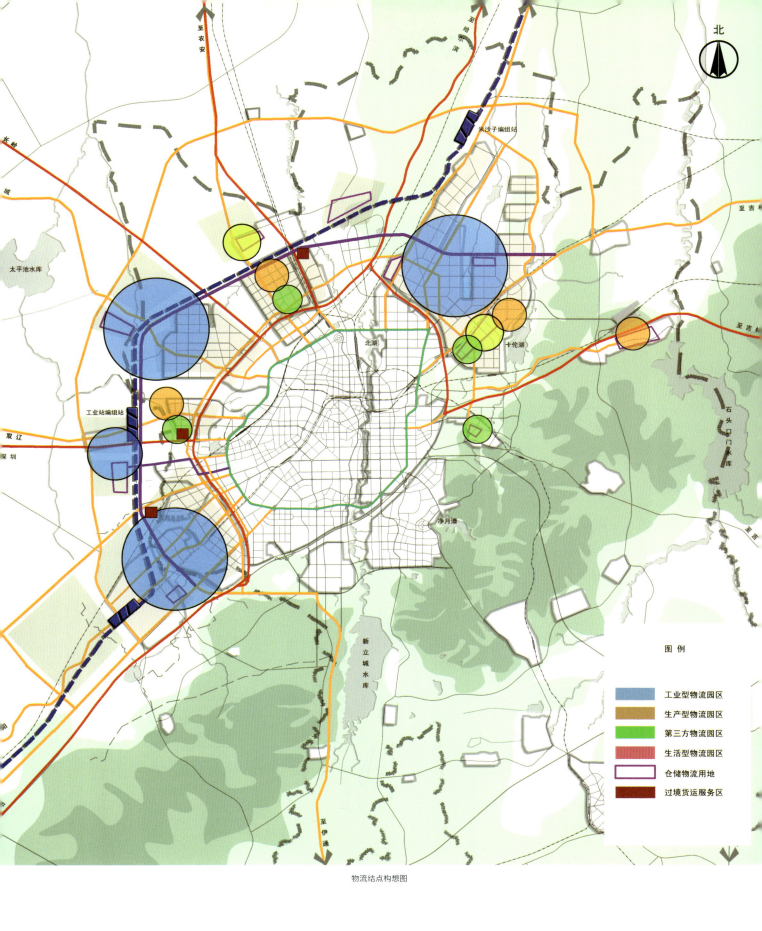

北

至农安

至哈尔滨

米沙子编组站

至吉林

太平池水库

工业站编组站

双辽

深圳

北湖

卡伦湖

石头口门水库

净月潭

新立城水库

至伊通

图例

工业型物流园区

生产型物流园区

第三方物流园区

生活型物流园区

仓储物流用地

过境货运服务区

物流结点构想图

301

Transformation Planning Study of Old Town
长春市旧城综合改造规划研究

编制单位：长春市城乡规划设计研究院
编制时间：2011—2012年

规划结合传统的长春旧城概念"老三环"，划定了125.6平方千米的长春旧城。并希望通过"空间优化与建筑改造、绿化与街路景观改造、道路与交通设施改造、市政设施与管网改造"四大系统工程，对旧城中居住片区、历史街区、商业街区三类空间实施综合整治。以"改善人居环境，打造宜居城区；更新历史街区，促进旧城复兴；优化旧城功能，增强旧城吸引力和竞争力"。实现旧城的"新功能、新形象、新设施、新管理、新生活"，使长春成为名副其实的绿色宜居之城。

规划以平阳居住片区为示范区，进行了以环境空间整治为主的综合改造规划设计，探索新时期长春旧改的新途径和新模式。平阳居住片区以街区良好的基础为依托，与暖房子改造工程紧密结合，通过建筑的立面整治、绿地的增设优化、停车的有序管理、街路景观的重塑、市政管网的更新，打造"安全、有序、绿色、精致"的"宜居平阳"。

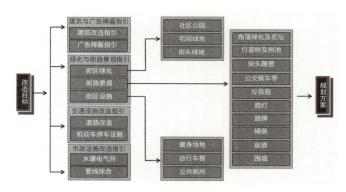

平阳街区改造基本思路

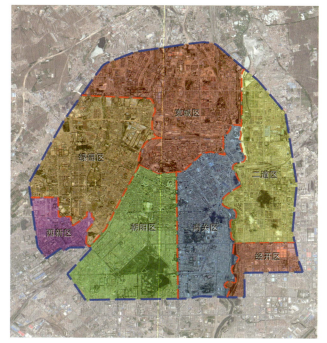

长春市旧城范围示意图

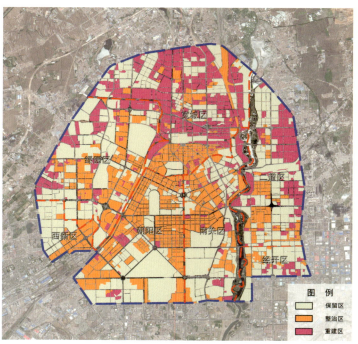

旧城三区划分示意图

安全平阳	有序平阳	绿色平阳	精致平阳
对街区内市政基础设施进行统一更新和改造；把现状建筑物规划划分为保留、整治、拆除三类，以整治类为重点，实施综合改造。	对街区内有效可利用空间进行整理划分，使各类景观要素和设施各司其位，整齐统一，整洁有序，并实现机动车停车的有序化。	建设主题公园、增加宅间和街头绿地面积,提高绿化质量、补种行道树、实现树池和停车位的生态化，并有效利用角落空间。	通过绿化和街路景观下的16项要素改造以及建筑、交通和市政等空间要素的精心设计和细致建设，实现各类空间的精致化。

平阳街区旧城改造目标与实现途径

Underground Space Exploitation and Utilization Study
长春市地下空间开发利用规划研究

编制单位：长春市城乡规划设计研究院
编制时间：2009—2010年

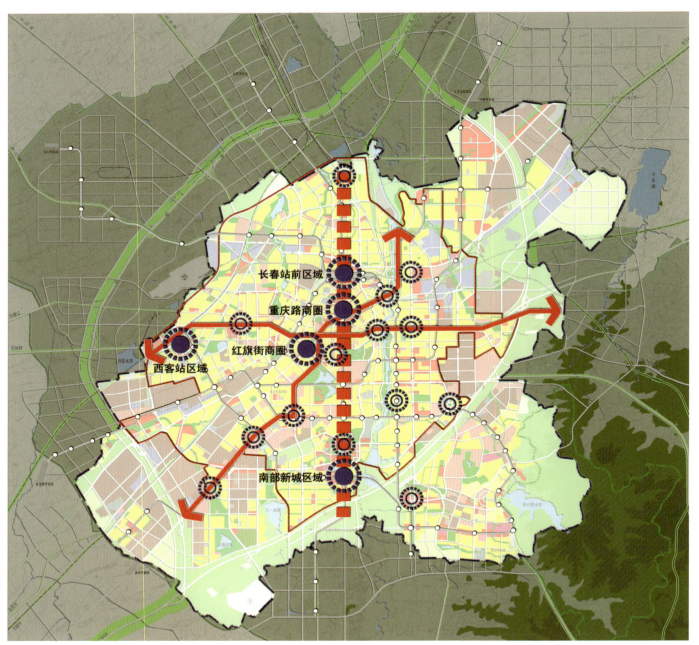

中心城区地下空间开发利用规划结构图

長春市中心城区地下空间开发利用规划
中心地区地下空间资源分布图——浅层

長春市中心城区地下空间开发利用规划
中心地区地下空间资源分布图——次浅层

長春市中心城区地下空间开发利用规划
中心地区地下空间资源分布图——次深层

長春市中心城区地下空间开发利用规划
中心地区地下空间资源分布图——深层

長春市中心城区地下空间资源分布图

重庆商圈地下空间分层规划图

2011年长春市地铁1号线开工建设，拉开了长春市地下空间开发建设的序幕。该规划在分析国内特大城市地下空间开发利用的经验与教训的基础上，从地下空间开发利用规划编制体系、发展战略、重点地区地下空间开发利用和中心城区地铁站域地下空间开发利用四个方面进行了深入研究，为编制长春市地下空间开发利用总体规划做好前期准备。

规划研究首先在分析国内特大城市地下空间开发利用的编制情况的基础上，结合长春市实际情况，构建出长春市地下空间开发利用规划编制体系；其次，从资源评估、需求预测、地下空间的发展模式方面明确了长春市地下空间的发展战略、空间结构与功能布局；再次，从用地建设条件评价、地下空间建设规模预测、地下空间发展策略制定、地下空间功能布局等方面对重庆商圈、红旗商圈、长春站站前区、南部新城核心区和西客站五个重点地区展开规划研究；最后，对中心城区地铁站地下空间开发利用提出了地铁站域地下空间整体开发利用原则与方法，并对地铁1号线典型站域地下空间进行整体开发利用的概念规划。

Transportation Development Planning Study of Changji Union Metropolitan Area
长吉联合都市区交通发展规划研究

编制单位：亚图建筑设计咨询有限公司（RTKL上海公司），长春市城乡规划设计研究院
编制时间：2011—2012年

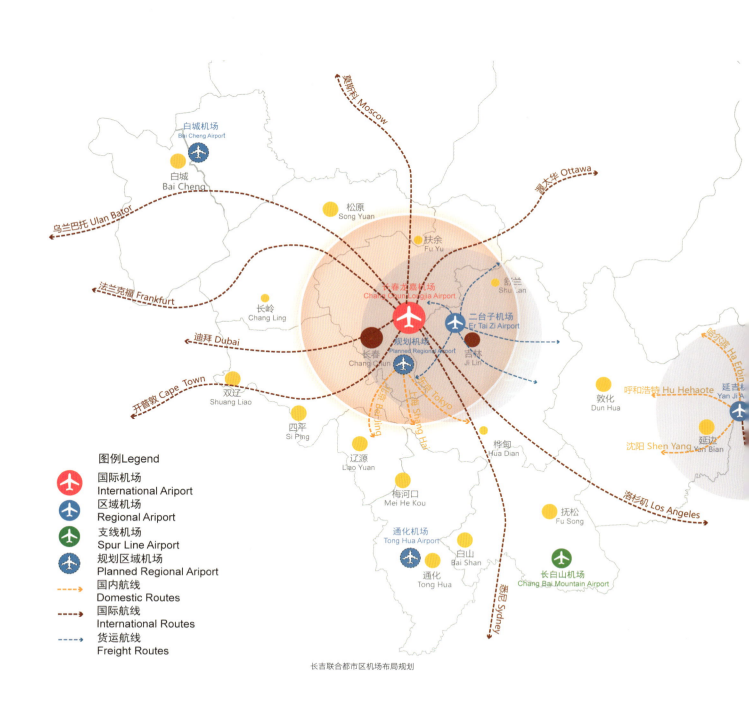

长吉联合都市区机场布局规划

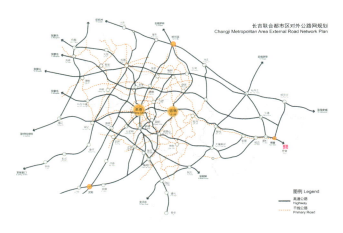

长吉联合都市区对外公路网规划
Changji Metropolitan Area External Road Network Plan

图例 Legend
高速公路
Highway
干线公路
Primary Road

长吉联合都市区公路网

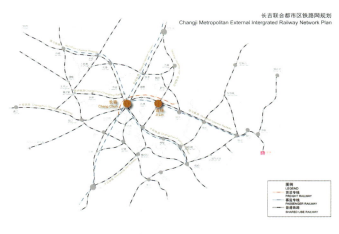

长吉联合都市区铁路网规划
Changji Metropolitan External Intergrated Railway Network Plan

图例
LEGEND
货运专线
FREIGHT RAILWAY
客运专线
PASSENGER RAILWAY
普通铁路
SHARED USE RAILWAY

长吉联合都市区铁路网

威 Hai Shenwei

东京 Tokyo

首尔 Seoul

随着经济全球化和区域一体化深入发展，国际产业分工不断深化，东北亚地区经济技术合作进一步加强。为了进一步加强国际合作，我国政府制定了振兴东北老工业基地和图们江区域开发建设的国家发展战略。为落实国家战略，吉林省政府制定了长吉图开发开放战略。长吉联合都市区作为长吉图开发开放先导区的核心发展区域和龙头，将在未来的国际合作中发挥重要的先导作用。本规划对未来长吉联合都市区的交通发展方向建立指导性的框架，明确交通整体定位并确立发展目标，推进长吉一体化进程，为长吉联合都市区建立快速、便捷、低碳的交通运输网络提供建设决策依据。

规划确立长吉联合都市区交通发展战略为坚持绿色交通的发展理念，建立双向开放的区域交通体系，率先建设高效便捷的东北亚国际物流中心，并成为泛太平洋地区国际运输体系的重要节点之一，最终将长吉联合都市区建设成为东北亚区域最具影响力的综合交通枢纽。

联合都市区交通发展规划包括对外系统和内部系统两个部分。对外交通系统规划提出打造由长春龙嘉国际机场为核心的国际航空枢纽群；新建对蒙国际运输通道和对俄国际运输通道。内部交通系统规划将建设以高速铁路、城际铁路、高速公路、普通公路、绿道系统所构筑的多模式交通体系，突出建设绿色公共交通网络，以公交都市为目标，成为中国绿色公共交通示范区。

Changchun Comprehensive Transportation Transfer Center Planning Study
长春站综合交通换乘中心规划研究

编制单位：北京城建设计研究总院有限责任公司、长春市城乡规划设计研究院、中国地铁工程咨询公司
编制时间：2007年

2005年，吉林省政府提出，结合"十一五"期间哈大客运专线和长吉城际铁路的建设，长春市应打造长春站和长春西站综合交通换乘中心。长春市规划院与相关部门进行深入的研究讨论，并考察了国内比较先进的枢纽后，结合长春市的实际，对长春站综合交通换乘中心进行了规划研究。

项目的研究范围为长春火车站区域2.7平方千米（西至凯旋路，东至亚泰大街，北至台北大街，南至浙江路）。具体研究火车站区域城市功能分析及城市总体规划对火车站地区的功能需求，通过定量分析的方式确定各年限枢纽设施规模；结合火车站枢纽外部交通规划设计，完善枢纽外部区域城市设计、枢纽内部结构功能和各种交通模式间的换乘关系。

长春火车站作为区域交通的主体，是区域客流集散中心，所以该区域需要通过具体的城市市政配套交通方式（轨道交通、公交、出租、社会车辆等）来运送、疏散火车站客流。规划把长春火车站交通枢纽建成多种交通方式合理整合后的一个交通功能综合体。

规划依照"商站分开，形象统一；空间分散，地下联体；两核两片，南平北华；空间分层，人车分流"的设计理念。在充分考虑交通需求和实际情况的基础上，将长春站定位为分散式枢纽，在功能上划分为南北两个分区，结合各分区土地开发、经济规模，科学规划分区中的交通模式，并针对多种交通模式进行合理的衔接换乘、流线。

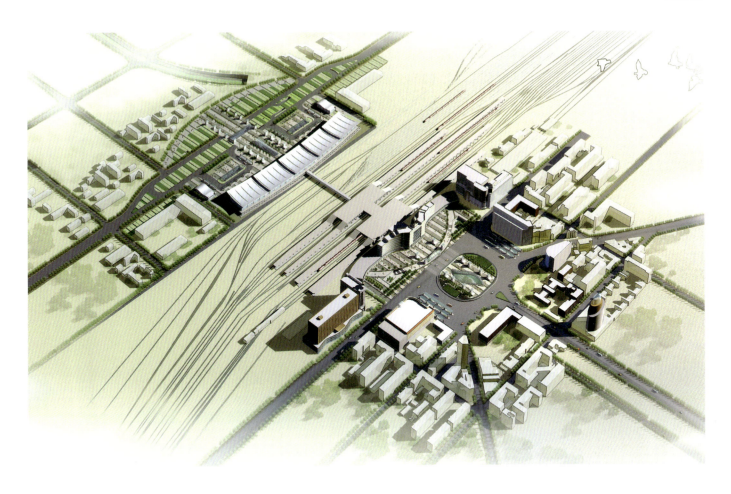

Strategy Planning of Changji Union Zone Environment Protection
长吉联合都市区环境保护战略规划

编制单位：环保部环境规划院、长春市城乡规划设计研究院
编制时间：2011—2012年

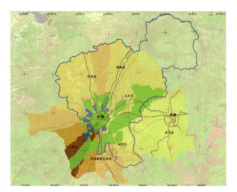

大气环境敏感区综合区规划图

环境保护综合控制引导区规划图

生态功能分区图

水环境控制单元图

规划范围：以长吉一体化区域为核心，包括整个中部城市群区域，面积约10万平方千米。

规划目标：实施优质环境培育计划，打造空气清新、水质安全、富于竞争力和吸引力的高品质环境空间。

规划内容：主要包括长吉联合都市区环境瓶颈问题分析与战略定位、区域绿色发展的环境目标与指标研究、环境功能分区与环境容量分区评估、生态敏感性、重要性分级评价与生态安全格局构建研究、都市区相互影响识别与跨界风险防范研究、重点区块污染防治战略研究等六大方面。

在实施策略方面，研究提出避免绿色鸿沟、培育绿色引擎、构筑绿色格局、发展绿色产业、建设绿色城市五大策略；在环境空间保护规划方面，提出大气环境敏感控制区、水环境控制单元分区、生态功能区和河流管理红线和生态红线"三区两线"划定，为环境保护空间管制提出系统要求；在具体建设方面，一是在污染物排放方面，实施放总量控制机制和环境准入制度，防范环境风险，实现环境污染物排放源头减量，使PM2.5年平均浓度小于10微克/米^3，空气优良天数达到355天以上。二是在环境管理方面，实施环境安全红线制度，划定大气环境敏感区、水环境控制单元和河流管理控制红线，提高空气质量达到世卫组织标准，水质达标率为100%。三是在环境治理方面，实施清洁能源推广使用计划和伊通河水环境综合治理，构建固体废弃物循环利用体系，使伊通河城区段水质达到Ⅲ类。四是环境建设方面，实施城市饮用水源地保护和负氧离子带建设计划，饮用水水源地水质达到国家Ⅱ类标准以上，负氧离子浓度（个/厘米^3）达到10 000个以上，打造最安全饮用水环境和最洁净的大气环境。

Strategy Planning of Changchun Water Resource Optimal Configuration
长春市水资源优化配置战略规划

编制单位：中国水利水电科学研究院、长春市城乡规划设计研究院
编制时间：2011—2012年

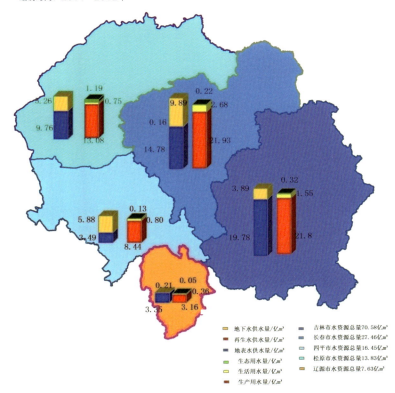

长吉都市联合区水资源分布图

地下水供水量/亿m³　　吉林市水资源总量70.58亿m³
再生水供水量/亿m³　　长春市水资源总量27.46亿m³
地表水供水量/亿m³　　四平市水资源总量16.45亿m³
生态用水/亿m³　　　　松原市水资源总量13.83亿m³
生活用水/亿m³　　　　辽源市水资源总量7.63亿m³
生产用水/亿m³

石头口门水库1.68亿m³
中水回用1亿m³
引松入长3.08亿m³
新立城水库1.24亿m³
地下水0.98亿m³
中部城市引松供水5.5亿m³

2030年长春市市区水资源配置图

规划范围：以长吉一体化区域为核心，包括整个中部城市群区域，面积约10万平方千米。

规划目标：通过分析城市水资源现状，科学预测城市绿色发展对水资源的合理诉求，优化配置水资源供给方案，实施跨流域调水，保护地下水资源，严格遵守水资源管理最严格的"三条红线"，最终为城市绿色发展提供充足、稳定的水资源保障；从提升绿色竞争力角度，大幅提高生态用水比例，从而保证区域内生态需水量，解决河湖水网生态基流等影响城市及区域生态安全的核心水资源问题。

规划内容：主要包括长吉联合都市区及长春市水资源及其开发利用现状调查评价、社会经济发展及需水预测、生态环境保护及需水预测、水资源优化配置与多方案分析、水资源配置布局与实施方案、水资源承载能力测算及情景分析等六方面内容。

研究提出，在水资源发展策略方面，要实施全社会节水、保障绿色发展水资源供应、保障饮用水安全和提高生态用水比例等四大发展战略；实施以建设节水高效的现代灌溉农业和现代旱地农业为目标的农业用水策略，将农业灌溉用水有效利用系数提高到0.65，发展绿色生态农业和休闲观光农业，推动绿色产业体系的构建；万元GDP增加值新鲜用水量至2030年减少到15立方米；推行地下水开采总量控制和计划管理，抑制地下水过度开发。在水资源配置方面，长春市需要实施跨流域调水计划，到2030年，长春市需引松入长供水量为3.08亿立方米、中部城市引松供水供水量为5.5亿立方米；实行水环境—水资源—水生态综合管理，使三生用水比例达到14:82:4，万元GDP耗水量达到26.7米³/万元以下；科学保障绿色发展生产和生活用水需求。在生态用水方面，至2030年，生态用水总量达到1.2亿立方米，生态用水比例达4%，保证水生态环境系统的基本流量和环境容量，重点保障伊通河生态环境用水需求。

Strategy Planning of Changchun Energy Resource
长春市能源战略规划

编制单位：厦门大学中国能源经济研究中心
编制时间：2011—2012年

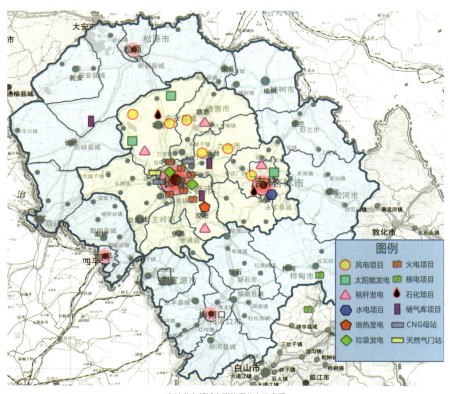

吉林省中部城市群能源分布示意图

规划范围：以长吉一体化区域为核心，包括整个中部城市群区域，面积约10万平方千米。

规划目标：满足绿色发展的战略需要，落实资源安全高效利用和空气清洁的战略目标，应逐步建立以电为主，煤、气、油为辅，新能源和可再生能源为补充，多元互补、多方供应、协调发展的供应体系；合理规划城市区域能源基地和能源通道，制定城市能源安全战略，健全应急体系，保障城市能源安全。

规划内容：包括长吉联合都市区及长春市能源发展战略系统问题辨识、能源需求分析预测及能源供需平衡对策、能源结构的优化调整方案及措施、可再生能源的开发利用方案及措施、能源供应安全保障方案、能源基础设施布局规划方案等六方面内容。

研究提出，针对长吉联合都市区能源面临一次能源不足、二次能源过剩等问题，应实施"安全为本、节能优先、环境友好、创新推动"的能源发展战略，同时应避免清洁能源"陷阱"，尽快转变能源利用方式和能源结构，实现能源供应与消费的多样、安全、清洁、高效，为建设最具竞争力、最具吸引力、最富文化魅力的绿色宜居都市区提供有力的能源支撑。

在能源利用方面，资源实行总量控制，保障合理需求，优化能源供应，构建新的节约型消费模式；降低化石能源比例达到40%以下，万元GDP能耗达到0.28吨标煤/万元以下，构建更加清洁化能源结构；建设资源管理中心，探索新型能源利用模式；解决一次能源不足、二次能源过剩的现实问题，实现科学、绿色、低碳的可持续能源供应体系。

Strategy Planning of Changji Union Metropolitan Area Biodiversity Protection

长吉联合都市区生物多样性保护战略规划

编制单位：吉林省林业勘察设计研究院
编制时间：2011—2012年

长吉都市联合区湿地资源分布图

长吉都市联合区森林资源分布图

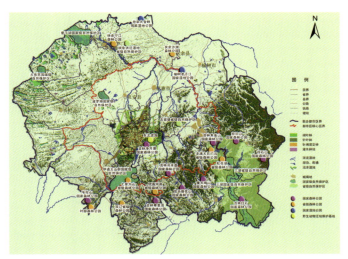

长吉都市联合区现状分布图

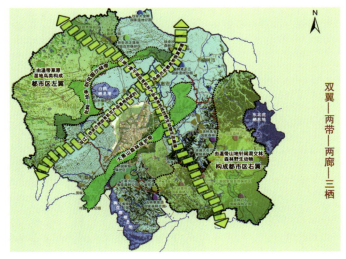

长吉都市联合区总体布局图

规划范围：以长吉一体化区域为核心，包括整个中部城市群区域，面积约10万平方千米。

格局优化战略，优化提升东部山地森林生态翼；恢复建设西部平原沙化湿地翼；保护白鹤、梅花鹿和东北虎三大野生动物栖息地，保护和建设区域水网、林网和绿化网络，构建自然生态网络格局；实施重构森林生态系统平衡策略，对东部森林实施强制性保护，增加森林景观多样性；对中部森林实施建设性保护，提高森林斑块连通度和稳定性，提高中部森林景观性和观赏性；对西部稀树草原地区，实施积极性保护，建设西部百里防风固沙林带，重构城市区域森林生态系统，遏制西部生态退化引发的环境问题；实施湿地生态系统恢复治理战略，全面恢复河流湿地和湖泊湿地，实施"退田还湿"工程，减少人工湿地对自然湿地系统的污染和侵蚀，完善湿地生态系统格局；在城市区域大规模建设人工野化的湿地公园，为野生动物迁徙和繁衍提供中转站和栖息地；实施生态廊道连通战略，强制预留大规模楔形绿地，构建连通不同类型生态斑块的自然生态廊道系统，作为野生动物迁徙的自然野化路径，为城市引入自然，有效连通自然提供生态保障；实施生物产业战略，将自然资源优势转化为城市发展的绿色竞争力，充分利用野生动植物资源丰富的优势，积极发展优势绿色产业，促进城市绿色发展。

Revision of Changchun Storm Intensity Formula
长春市暴雨强度公式修编

研究单位：长春市城乡规划设计研究院
研究时间：2011—2012年

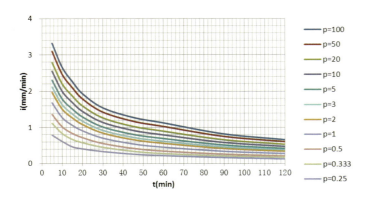

年最大值法指数分布频率分析暴雨强度曲线

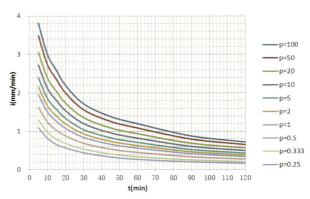

年多个样法指数分布频率分析暴雨强度曲线

通过对长春市降雨变化规律、暴雨强度公式、雨水系统设计重现期和城市径流系数的分析和研究，制定科学、合理的与长春市气候特征和城市发展需要相适应的城市雨水管渠系统设计标准，为长春市排水基础设施的建设搭建一个完善的平台，为长春市排水系统的规划和设计提供可靠的依据。

长春市降雨进行了时空演变特征分析。利用长春国家基准气候站长序列的降雨数据，采用空间分析和时间序列分析的方法对近60年来长春市降雨进行了时空演变特征分析。结果表明：近60年来长春市年降雨量呈下降趋势，降雨日数减少。近10年来长春市30分钟、60分钟、24小时和短历时年最大降雨量均呈增加趋势，即降雨强度呈增加趋势。

推求新的暴雨强度公式。通过长春市近30年自计雨量数据，采用计算机建模手段推求新的暴雨强度公式，提高公式的精度性。

长春市城市雨水管渠设计重现期研究。结合国内其他城市的设计重现期，考虑长春市的自然条件，长春市一般地区重现期宜采用2~3年。采用加权平均法研究长春市各区径流系数及降低径流系数措施。提出利用长春市朝阳区用地性质，计算得朝阳区平均径流系数为0.73~0.78，朝阳区平均径流系数为0.59~0.6。

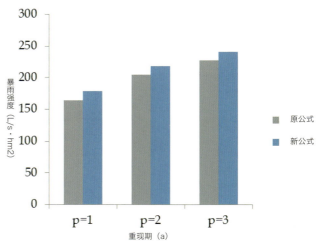

新旧暴雨强度公式结果对比图

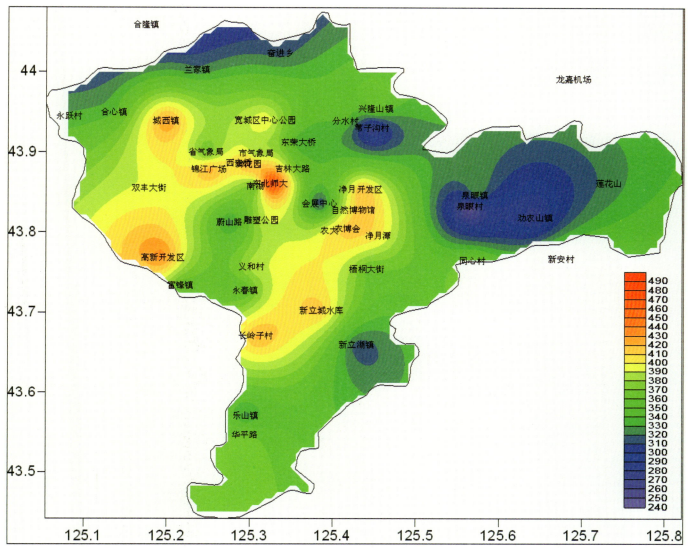

2011年长春市不同地区年降雨量分布图

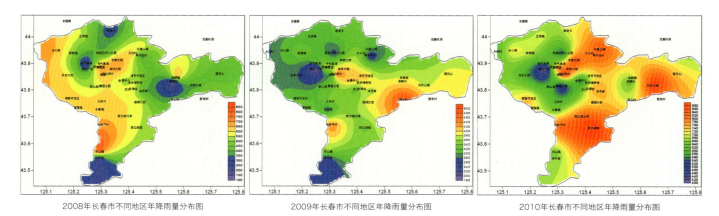

2008年长春市不同地区年降雨量分布图　　　　2009年长春市不同地区年降雨量分布图　　　　2010年长春市不同地区年降雨量分布图

Concept Planning for Ecologic Development of Southeast Black Mountain
长春市东南部大黑山脉生态发展带概念规划

研究单位：长春市城乡规划设计研究院
研究时间：2006年

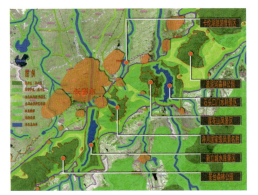

大黑山脉产业规划图

大黑山脉城镇空间结构规划图

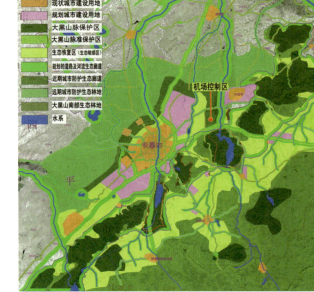

大黑山脉生态保护规划图

规划概况：大黑山脉为长白山余脉，西南起辽宁昌图，东北至松花江，全长400千米左右，宽为10~20千米，最高峰位于乐山镇西南20千米的景台镇，海拔583米，是一条重要的地理分界线，它把吉林省分为东部山地和西部平原两个部分。在长春市区内，依托大黑山脉，形成了二龙山水库、新立城水库、净月潭水库、卡伦湖、石头口门水库等若干大中型湖泊。

规划目标：在1 300平方千米大黑山脉区域，建立城乡一体化和谐发展的新型山水生态示范区；使其成为长春市东南部生态屏障，成为长春市城市发展的南部都市花园。

规划内容：为了加强对大黑山脉的保护和恢复，围绕建立城乡一体化和谐发展的新型山水生态示范区发展目标，打造大黑山脉都市绿核，项目研究主要包括生态保护、空间发展、产业发展、旅游发展、交通和资源六大方面规划。在生态保护方面，将整个大黑山脉发展带划分为景台—乐山生态保护区、新立城生态保护区、新立城—新湖生态保护区、净月潭森林公园、东四乡生态保护区、石头口门生态保护区（水源保护区）等六个为核心生态保护区；在城镇空间方面，依据生态规划给定的建设强度分区，形成横跨大黑山脉的"一山、两城、十一镇"空间布局结构，一山指长春市东南部大黑山脉；两城指长春市中心城区和双阳城区；十一城镇指净月潭旅游经济开发区、新立城镇、乐山镇、东湖镇、新安镇、英俊镇、永春镇、响水镇、奢岭镇、波泥河镇和西营城镇；在产业发展方面，依托生态资源，发展观光农业、都市农业，依托自然资源、人文景观，发展休闲旅游业；依托绿色景观资源优势发展房地产业；使整个区域成为长春市乃至东北区域内集旅游业、房地产业、生态农业为一体的生态发展带。

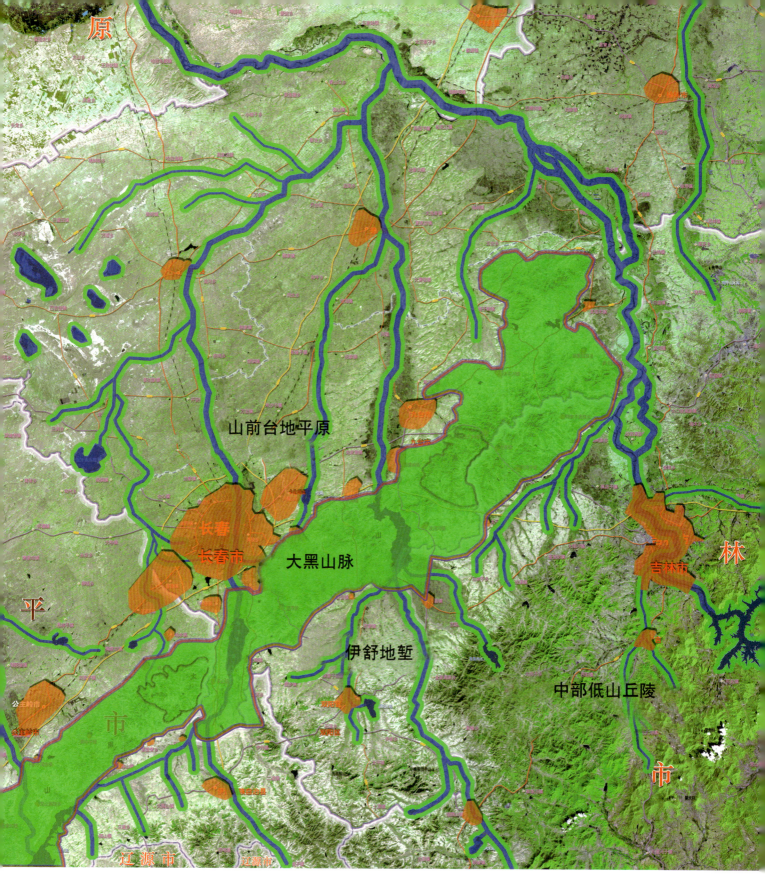

原

山前台地平原

大黑山脉

伊舒地堑

长春市

平

市

公主岭市

辽源市 辽源市

吉林市

林

市

中部低山丘陵

大黑山区域位置图

Project List

项目列表

规划类别 Planning Category		规划名称 Planning Name	编制单位 Preparation Units	编制时间 Preparation Date
城市战略规划		长春市城市空间战略规划	中国城市规划设计研究院	2004
		长春市城市空间战略规划	长春市城乡规划设计研究院	2008
		长春市城市空间战略规划	长春市城乡规划设计研究院	2009
		长春市城市空间战略规划	长春市城乡规划设计研究院	2010
		长春市城市远景发展规划	长春市城乡规划设计研究院等	2012
法定规划	城市总体规划	长春市城市总体规划（2011—2020）	长春市城乡规划设计研究院等	2005
	乡镇总体规划	鹿乡镇总体规划	长春市城乡规划设计研究院	2006
		劝农山镇总体规划	长春市城乡规划设计研究院	2008
		奢岭镇总体规划	天津大学城市规划设计研究院	2009
		奋进乡总体规划	长春市城乡规划设计研究院	2009
		方正六村总体规划	长春市城乡规划设计研究院	2009
		卡伦镇总体规划	长春市城乡规划设计研究院	2009
		新湖镇总体规划	长春市净月规划建筑设计研究院	2009
		西新镇总体规划	长春市城乡规划设计研究院	2009
		城西镇总体规划	长春市城乡规划设计研究院	2009
		兰家镇总体规划	长春市城乡规划设计研究院	2009
		玉潭镇总体规划	长春市城乡规划设计研究院	2010
		兴隆山镇总体规划	长春市城乡规划设计研究院	2010
		新立城镇总体规划	长春市城乡规划设计研究院	2010
		合心镇总体规划	长春市城乡规划设计研究院	2011
		米沙子镇总体规划	长春市城乡规划设计研究院	2011
		太平镇总体规划	长春市城乡规划设计研究院	2011
		齐家镇总体规划	长春市城乡规划设计研究院	2011
		山河镇总体规划	长春市城乡规划设计研究院	2011
		泉眼镇总体规划	长春市城乡规划设计研究院	2011
		乐山镇总体规划	吉林省城乡规划设计研究院	2011
		永春镇总体规划	长春市城乡规划设计研究院	2011
		东湖镇总体规划	长春市城乡规划设计研究院	2011
		龙嘉镇总体规划	长春市城乡规划设计研究院	2011
		双营子乡总体规划	吉林省城乡规划设计研究院	2011
		四家乡总体规划	长春市城乡规划设计研究院	2011
		万宝镇总体规划	吉林省城乡规划设计研究院	2011
		合隆镇总体规划	吉林省城乡规划设计研究院	2011
		英俊镇总体规划	长春市城乡规划设计研究院	2012
	控制性详细规划	长春市汽车产业开发区起步区控制性详细规划	长春市城乡规划设计研究院	2005
		长春市绿园经济技术开发区医药食品工业园区控制性详细规划	长春市城乡规划设计研究院	2005
		长春市绿园经济开发区先进机械制造业园区起步区控制性详细规划	长春市城乡规划设计研究院	2005
		长春市绿园经济开发区先进制造业园区控制性详细规划	长春市城乡规划设计研究院	2006
		长春空港保税物流园区（一期）控制性详细规划	长春市城乡规划设计研究院	2006
		长春市高新区控制性详细规划	长春市城乡规划设计研究院	2006
		长春市西新工业集中区控制性详细规划	长春市城乡规划设计研究院	2006

规划类别 Planning Category	规划名称 Planning Name	编制单位 Preparation Units	编制时间 Preparation Date
	长春市宽城区行政中心控制性详细规划	长春市城乡规划设计研究院	2006
	长春市绿园经济技术开发区纺织工业园区控制性详细规划	长春市城乡规划设计研究院	2007
	长春市绿园经济开发区先进机械制造业园区起步区以外控制性详细规划	长春市城乡规划设计研究院	2007
	长春市宽城区上台新村控制性详细规划	长春市城乡规划设计研究院	2007
	长春市宽城区兰家镇工业区控制性详细规划	长春市城乡规划设计研究院	2007
	长春市二道工业集中区控制性详细规划	长春市城乡规划设计研究院	2007
	长春市朝阳开发区一期控制性详细规划	长春市城乡规划设计研究院	2007
	长春市快速轨道交通（地铁）1、2号线控制性详细规划	长春市城乡规划设计研究院	2008
	长春玉米工业园控制性详细规划	长春市城乡规划设计研究院	2008
	长春兴隆综合保税区控制性详细规划	长春市城乡规划设计研究院	2008
	长春市净月潭国家级风景名胜区休闲度假核心区控制性详细规划	长春市城乡规划设计研究院	2008
	长春市东北亚物流园区控制性详细规划	长春市城乡规划设计研究院	2008
	长春市宽城区蔡家物流园区控制性详细规划	长春市城乡规划设计研究院	2008
	长春市朝阳开发区二期控制性详细规划	长春市城乡规划设计研究院	2008
	长春市双阳区控制性详细规划	长春市城乡规划设计研究院	2008
	长春市朝阳区中心城区控制性详细规划（380平方千米内）	长春市城乡规划设计研究院	2008
	长春市南关区中心城区控制性详细规划（380平方千米内）	长春市城乡规划设计研究院	2008
	长春市宽城区中心城区控制性详细规划（380平方千米内）	长春市城乡规划设计研究院	2008
	长春市二道区中心城区控制性详细规划（380平方千米内）	长春市城乡规划设计研究院	2008
	长春市绿园区中心城区控制性详细规划（380平方千米内）	长春市城乡规划设计研究院	2008
	长春市经开区中心城区控制性详细规划（380平方千米内）	长春市城乡规划设计研究院	2008
	长春市高新区中心城区控制性详细规划（380平方千米内）	长春市城乡规划设计研究院	2008
	长春市净月区中心城区控制性详细规划（380平方万千米内）	长春市城乡规划设计研究院	2008
	长春市汽车区中心城区控制性详细规划（380平方千米内）	长春市城乡规划设计研究院	2008
	长春市奋进乡控制性详细规划	长春市城乡规划设计研究院	2009
	长春市汽车区起步区控制性详细规划	长春市城乡规划设计研究院	2009
	长春市汽车区方正六村控制性详细规划	长春市城乡规划设计研究院	2009
	长春市二道区现代物流中心区控制性详细规划	长春市城乡规划设计研究院	2009
	长春市朝阳开发区三期控制性详细规划	长春市城乡规划设计研究院	2009
	长春市朝阳开发区盛家村控制性详细规划	长春市城乡规划设计研究院	2009
	长春市经九合作区控制性详细规划	长春市城乡规划设计研究院	2010
	长春市轨道客车园区控制性详细规划	长春市城乡规划设计研究院	2010
	长春市西部新城开发区控制性详细规划	长春市城乡规划设计研究院	2010
	长春市机车产业园区控制性详细规划	长春市城乡规划设计研究院	2010
	长春市合心镇控制性详细规划	长春市城乡规划设计研究院	2010
	长春市经济区综合保税区控制性详细规划	长春市城乡规划设计研究院	2010
	长春市南部新城金融商务区控制性详细规划	长春市城乡规划设计研究院	2010
	长春市伊通河南段17平方千米区域控制性详细规划	长春市城乡规划设计研究院	2011
	长春莲花山国际中央休闲区控制性详细规划	长春市城乡规划设计研究院	2011
	长春九台经济开发区环湖生态城控制性详细规划	长春市城乡规划设计研究院	2011
	长春经济技术开发区兴隆山新镇区控制性详细规划	长春市城乡规划设计研究院	2011
	长春市经开区控制性详细规划	长春市城乡规划设计研究院	2011
	长春市玉潭镇控制性详细规划	长春市城乡规划设计研究院	2011
	长春市新立城镇控制性详细规划	长春市城乡规划设计研究院	2011

规划类别 Planning Category		规划名称 Planning Name	编制单位 Preparation Units	编制时间 Preparation Date
		长春市双阳区中心城区控制性详细规划	天津大学城市规划设计研究院	2011
		长春市奢岭镇区控制性详细规划	天津大学城市规划设计研究院	2011
		长春市莲花山生态旅游度假区控制性详细规划	长春市城乡规划设计研究院	2011
		长春市兰家镇控制性详细规划	长春市城乡规划设计研究院	2011
		长春市双阳经济开发区控制性详细规划	长春市城乡规划设计研究院	2011
		长春市鹿乡镇控制性详细规划	长春市城乡规划设计研究院	2011
		长春市龙嘉镇控制性详细规划	长春市城乡规划设计研究院	2011
		长春市长东北现代物流中心区控制性详细规划	长春市城乡规划设计研究院	2011
		长春市山河镇建材工业园区控制性详细规划	长春市城乡规划设计研究院	2011
		长春市长德新区起步区控制性详细规划	长春市城乡规划设计研究院	2011
		长春市东湖镇控制性详细规划	长春市城乡规划设计研究院	2011
		长春市西新镇控制性详细规划	长春市城乡规划设计研究院	2011
		长春市城西镇控制性详细规划	长春市城乡规划设计研究院	2011
		长春市劝农山镇控制性详细规划	长春市城乡规划设计研究院	2011
		长春市英俊镇控制性详细规划	长春市城乡规划设计研究院	2011
		长春市山河镇控制性详细规划	长春市城乡规划设计研究院	2011
		长春市齐家镇控制性详细规划	长春市城乡规划设计研究院	2011
		长春市太平镇控制性详细规划	长春市城乡规划设计研究院	2011
		长东北科技生态示范区1号、2号区域控规（伊通河以东）	长春市城乡规划设计研究院	2012
		长东北科技生态示范区1号、2号区域控规（伊通河以西）	长春市城乡规划设计研究院	2012
		长春市永春镇控制性详细规划	长春市城乡规划设计研究院	2012
		长春市英俊镇休闲商务发展区控制性详细规划	长春市城乡规划设计研究院	2012
		长春皓月清真产业园控制性详细规划	长春市城乡规划设计研究院	2012
		长春市双阳区天鹅湖度假区控制性详细规划	长春市城乡规划设计研究院	2012
		长春九台经济开发区卡伦湖西生活区控制性详细规划	长春市城乡规划设计研究院	2012
		长春市中心城区控制性详细规划	长春市城乡规划设计研究院	2012
	历史文化街区保护规划	长春市南广场历史文化街区保护规划	北京华清安地建筑设计事务所等	2010
		长春市新民大街历史文化街区保护规划	长春市城乡规划设计研究院	2010
		第一汽车制造厂历史文化街区保护规划	长春市城乡规划设计研究院	2010
		中东铁路宽城子车站历史文化街区保护规划	长春市城乡规划设计研究院	2010
		长春人民大街历史文化街区保护规划	长春市城乡规划设计研究院	2010
		伪满皇宫历史文化街区保护规划	长春市城乡规划设计研究院	2010
	风景名胜区规划	长春"八大部"——净月潭国家重点风景名胜区总体规划	吉林省城乡规划设计研究院	2003
		长春市莲花山生态旅游度假区旅游发展总体规划	五合国际设计有限公司	2010
常规规划	专项规划	长春市城区地表水系规划	长春市城乡规划设计研究院	2005
		长春市城市雕塑专项规划	长春市城乡规划设计研究院	2005
		长春市综合交通体系规划（调整）	长春市城乡规划设计研究院	2005
		长春市伊通河完善保护利用规划	长春市城乡规划设计研究院	2006
		长春市排水工程专项规划	长春市城乡规划设计研究院	2006
		长春市中心城区中小学布局专项规划	长春市城乡规划设计研究院	2007
		长春市环境卫生设施专项规划	长春市城乡规划设计研究院	2007
		长春市中心城区供热专项规划	长春市城乡规划设计研究院	2007
		长春市城市消防专项规划	长春市城乡规划设计研究院	2008
		长春市快速轨道交通线网规划	长春市城乡规划设计研究院	2008
		长春市经开南区供热专项规划	长春市城乡规划设计研究院	2008
		长春市信息工程设施专项规划	长春市城乡规划设计研究院	2009
		长春市经开北区水系规划	长春市城乡规划设计研究院	2009

规划类别 Planning Category	规划名称 Planning Name	编制单位 Preparation Units	编制时间 Preparation Date
	长春市经开南区排水专项规划	长春市城乡规划设计研究院	2009
	长春市经开北区供热专项规划	长春市城乡规划设计研究院	2009
	长春市经开北区竖向排水专项规划	长春市城乡规划设计研究院	2010
	长春市西新区物流规划	长春市城乡规划设计研究院	2010
	长春市排水专项规划	长春市城乡规划设计研究院	2010
	长春市燃气专项规划	长春市城乡规划设计研究院	2010
	长春市城市公共交通专项规划	长春市城乡规划设计研究院	2010
	长春市十二五期间加油站发展建设规划	长春市城乡规划设计研究院	2010
	长春市商业网点专项规划	长春市城乡规划设计研究院	2010
	长春市中心城区老年人社会福利设施专项规划	长春市城乡规划设计研究院	2010
	长春市高新区汽车物流规划	长春市城乡规划设计研究院	2011
	长春市停车场专项规划	长春市城乡规划设计研究院	2011
	长春市福利设施体系专项规划	长春市城乡规划设计研究院	2011
	长春市加油加气站布点专项规划	长春市城乡规划设计研究院	2011
	长春市应急避难场所专项规划	长春市城乡规划设计研究院	2011
	长春市公共交通专项规划	长春市城乡规划设计研究院	2011
	长春市停车设施专项规划	长春市城乡规划设计研究院	2011
	长春市城市电信专项规划	长春市城乡规划设计研究院	2011
	长春市电网专项规划	长春市城乡规划设计研究院	2012
分区规划	长春市朝阳分区规划（2005—2010）	长春市城乡规划设计研究院	2005
	长春市南关分区规划（2005—2010）	长春市城乡规划设计研究院	2005
	长春市宽城分区规划（2005—2010）	长春市城乡规划设计研究院	2005
	长春市二道分区规划（2005—2010）	长春市城乡规划设计研究院	2005
	长春市绿园分区规划（2005—2010）	长春市城乡规划设计研究院	2005
	长春市经开分区规划（2005—2010）	长春市城乡规划设计研究院	2005
	长春市高新分区规划（2005—2010）	长春市城乡规划设计研究院	2005
	长春市净月分区规划（2005—2010）	长春市城乡规划设计研究院	2005
	长春市汽车分区规划（2005—2010）	长春市城乡规划设计研究院	2005
	长春市双阳分区规划（2005—2010）	长春市城乡规划设计研究院	2005
重点区域概念规划及城市设计	长春市南部新城发展规划国际咨询	中国城市规划设计研究院等	2003
	长春市红旗街商业发展概念规划	长春市城乡规划设计研究院	2003
	长春市伊通河城区段风光带总体规划	中国城市规划设计研究院	2004
	长春市伊通河综合治理改造规划	长春市城乡规划设计研究院	2005
	长春市二道区东四乡城乡一体化发展规划	长春市城乡规划设计研究院	2005
	长春市北人民大街城市设计	长春市城乡规划设计研究院	2006
	长春市南部新城核心区城市设计	长春市城乡规划设计研究院	2006
	长春市国际汽车城发展建设规划国际咨询	德国AS＆P建筑设计事务所等	2006
	长春市东方广场区域城市设计	长春市城乡规划设计研究院等	2006
	长春市世纪广场区域城市设计	长春市城乡规划设计研究院等	2006
	长春市汽车产业开发区核心区规划	德国AS＆P建筑设计事务所	2007
	长春市北站前商业中心城市设计	长春市城乡规划设计研究院	2007
	长春市宽城区铁北地区发展战略规划	上海法奥建筑与城市规划联合设计有限公司等	2007
	长春西客站站前区域概念性规划	德国AS＆P建筑设计事务所等	2007
	长春西客站区域规划及重点区域城市设计深化调整方案	德国AS＆P建筑设计事务所	2007
	长春市净月生态城西部发展战略研究	德国AS＆P建筑设计事务所等	2007
	长春市空港保税物流园区规划	长春市城乡规划设计研究院	2007
	长春市莲花山生态旅游度假区旅游发展总体规划	长春市城乡规划设计研究院	2008
	长春市伊通河全区段空间环境设施概念规划构想	长春市城乡规划设计研究院	2008

规划类别 Planning category		规划名称 Planning Name	编制单位 Preparation Units	编制时间 Preparation Date
		长春市南部中心城区核心区城市设计国际咨询	澳大利亚COX设计事务所等	2008
		长东北开放开发先导区概念规划	长春市城乡规划设计研究院	2008
		长春市汽车产业开发区环路外区域规划深化调整方案	德国AS&P建筑设计事务所	2008
		长春市汽车产业开发区西湖片区概念规划	上海法奥设计有限公司	2008
		长春市宽城区铁南发展建设规划	上海法奥设计有限公司	2008
		长东北发展建设规划	德国AS&P建筑设计事务所等	2009
		长春市南部新城金融商务区城市设计	长春市城乡规划设计研究院	2009
		长春市西部新城核心区城市设计	北京清华城市规划设计研究院	2009
		长春市彩宇广场城市设计	上海法奥建筑设计有限公司	2009
		长春市高新区核心区项目城市设计	长春市城乡规划设计研究院	2009
		吉林省光电信息产业园概念规划设计	德国AS&P建筑设计事务所	2009
		长东北森林公园概念性规划设计	上海现代建筑设计有限公司	2009
		长春市莲花山生态旅游度假区总体规划	北京五合国际建筑设计集团	2010
		长春市双阳区长清公路白鹿广场景观设计	天津大学城市规划设计研究院	2010
		长春市双阳区奢岭新城城市设计	天津大学城市规划设计研究院	2010
		长春市双阳区天鹅湖城市设计	天津大学城市规划设计研究院	2010
		长春市伊通河全区段空间概念规划	上海法奥建筑设计有限公司等	2010
		长春市净月西区生态商务中心城市设计	日本矶崎新工作室	2010
		长春市兴隆新城城市设计	上海艾艾建筑设计咨询有限公司	2010
		长春市102国道以西区域城市设计	上海同研建筑设计有限公司	2010
		长春市绿园区三、四环商住带概念设计	长春市城乡规划设计研究院	2010
		长春市机场路以南区域城市设计	上海同研建筑设计有限公司	2011
		长春市南部新城综合交通枢纽城市设计	长春市城乡规划设计研究院	2011
		长春市绿园区合心生态卫星城镇概念性城市设计	上海复旦规划建筑设计研究院等	2011
		长春市皓月清真产业园区概念规划	英国阿特金斯设计公司	2011
		长春市莲花山生态旅游度假区现代都市服务区、国际中央休闲 区、国际商务会议区城市设计	哈尔滨工业大学深圳研究生院城市与景观设计 研究中心	2011
		长春市莲花山生态旅游度假区旅游项目区城市设计	长春市城乡规划设计研究院等	2011
		长春市莲花山生态旅游度假区休闲观光农业规划	中国农业科学院农业经济与发展研究所等	2011
		长春市宽城区三四环间区域概念规划	上海法奥建筑与城市规划联合设计有限公司等	2011
		长春第一热电厂地块改造概念规划设计	上海法奥建筑与城市规划联合设计有限公司等	2011
		长东北核心区城市设计	澳大利亚COX设计集团	2011
		长德新区发展建设规划	德国AS&P建筑设计事务所	2011
		长春市高新区生态核心区城市设计	澳大利亚COX设计集团	2011
		长春市永春新区空间发展概念规划	北京华雍汉维设计公司等	2012
		长春市经开南区城市设计	英国阿特金斯设计公司	2012
		长春市养老村概念规划及城市设计	长春市城乡规划设计研究院	2012
		长春市长江路开发区空间发展战略规划	上海法奥建筑与城市规划联合设计有限公司	2012
		长春市轨道交通装备制造产业园总体规划	长春市城乡规划设计研究院	2012
		长春市莲花山村落环境整治规划	天津大学城市规划设计研究院等	2012
基础研究	空间研究	基于GIS的长春市中心城区人口空间分布研究	长春市城乡规划设计研究院	2007
		长春市地下空间开发利用规划研究	长春市城乡规划设计研究院	2009
		长春市物流用地空间布局结构研究	长春市城乡规划设计研究院	2010
		长春宽城子老城历史街区保护与改造研究	长春市城乡规划设计研究院	2010
		长春商埠地历史街区保护与改造研究	长春市城乡规划设计研究院	2010
		长吉一体化发展规划研究	长春市城乡规划设计研究院	2010
		长春市高度控制研究	长春市城乡规划设计研究院	2010
		长春市密度控制研究	长春市城乡规划设计研究院	2010
		长春市城市风貌研究	长春市城乡规划设计研究院	2010

规划类别 Planning category	规划名称 Planning Name	编制单位 Preparation Units	编制时间 Preparation Date
	长春市西部区域空间发展构想	长春市城乡规划设计研究院	2010
	长春市物流用地空间布局结构研究	长春市城乡规划设计研究院	2010
	长春市历史街区内道路家具风格研究	长春市城乡规划设计研究院	2010
	长春市现代服务业空间布局研究	长春市城乡规划设计研究院	2010
	长春市历史文化街区保护规划编制深度及内容研究	长春市城乡规划设计研究院	2010
	长春市周边县（市）历史文化资源调查与评价	长春市城乡规划设计研究院	2010
	长春市旧城综合改造规划研究	长春市城乡规划设计研究院	2011
	长吉联合都市区空间发展研究	美国RTKL公司等	2011
	长春市空间结构优化研究	澳大利亚HYHW公司等	2011
	长春市区域与产业发展战略研究	同济大学等	2011
	长吉共享区空间发展规划研究	瑞典SWECO公司等	2011
	长春市净月二期高度分析	长春市城乡规划设计研究院	2011
	长春市红旗商圈宏义数码广场区域城市空间节点形态控制研究	长春市城乡规划设计研究院	2011
	长春市汽车物流专项规划研究	长春市城乡规划设计研究院	2011
	长春市二道商贸物流拓展区规划研究	长春市城乡规划设计研究院	2011
	长春市重庆路周边区域地下空间开发利用研究	长春市城乡规划设计研究院	2011
	长春市市政廊道空间战略研究	长春市城乡规划设计研究院	2011
	长春市桂林路商圈发展规划研究	长春市城乡规划设计研究院	2011
	长春市红旗街商圈发展规划研究	长春市城乡规划设计研究院	2011
	长春市北湖中心区市级公建布局研究	长春市城乡规划设计研究院	2012
	长春市朝阳分区发展战略研究	长春市城乡规划设计研究院	2012
	长春市南关分区发展战略研究	长春市城乡规划设计研究院	2012
	长春市宽城分区发展战略研究	长春市城乡规划设计研究院	2012
	长春市二道分区发展战略研究	长春市城乡规划设计研究院	2012
	长春市绿园分区发展战略研究	长春市城乡规划设计研究院	2012
	长春市双阳分区发展战略研究	长春市城乡规划设计研究院	2012
	长春市经开分区发展战略研究	长春市城乡规划设计研究院	2012
	长春市高新分区发展战略研究	长春市城乡规划设计研究院	2012
	长春市净月分区发展战略研究	长春市城乡规划设计研究院	2012
	长春市汽车分区发展战略研究	长春市城乡规划设计研究院	2012
	长春市莲花山分区发展战略研究	长春市城乡规划设计研究院	2012
交通研究	长春站综合交通换乘中心规划研究	长春市城乡规划设计研究院	2007
	长春市快速轨道交通三期工程规划研究	长春市城乡规划设计研究院	2008
	长春市快速路体系规划	长春市城乡规划设计研究院	2010
	长春市绕城高速外围500米绿化带用地现状调查及模式研究	长春市城乡规划设计研究院	2010
	长春市三环路全线和节点立交规划方案研究	长春市城乡规划设计研究院	2010
	长春市加快发展快速轨道交通规划研究	长春市城乡规划设计研究院	2010
	长春市2010年城市交通现状评估及未来展望	长春市城乡规划设计研究院	2011
	长吉联合都市区交通发展战略	美国RTKL公司等	2012
环资研究	长春市东南部大黑山脉生态发展带概念规划	长春市城乡规划设计研究院	2006
	长春市周边资源环境与城市生态规划研究	长春市城乡规划设计研究院	2007
	长吉联合都市区环境保护战略规划	环保部环境规划院等	2011
	长春市水资源优化配置战略规划	中国水利水电科学研究院等	2011
	长春市能源战略规划	厦门大学中国能源经济研究中心等	2011
	长吉联合都市区生物多样性保护战略规划	吉林省林业勘察设计研究院等	2011
	长春市暴雨强度公式修编	长春市城乡规划设计研究院	2011
	长春市生态安全与发展规划	清华大学等	2011

Urban Planning Memorabilia

城乡规划工作大事记

2003—2008

2003

2月27日　市政府召开全市建设工作大会。

3月12日　市政府召开城区建设现场会。

3月14日　市规划局向市城科会汇报南部新城规划思路。

4月17日　市规划局向建设部宋春华副部长等领导汇报长春市城市总体规划修编和南部新城规划。

5月9日　市委书记杜学芳听取市规划局关于小城镇规划工作汇报。

5月18日　副市长王学战听取市规划局关于《长春市近期建设规划（2003—2007）》编制工作的汇报。

5月27日　市政府组织召开《长春市近期建设规划（2003—2007）》征求意见会。

6月27日　市规划局向建设部规划司汇报《长春市近期建设规划（2003—2007）》。

7月1日　《长春市近期建设规划（2003—2007）》编制完成。

7月21日　市规划局向市人大汇报近期建设规划。

11月6日　市规划局向市人大城环委汇报规划工作。

12月5日　省建设厅领导到市规划局进行规划工作调研。

12月9日　中规院项目组向市委市政府汇报《长春市城市空间战略研究》成果。

2004

1月8日　市规划局组织召开南部新城发展规划国际咨询方案评审会。

2月16日　市规划局到建设部规划司汇报长春市城市总体规划修编问题。

3月10日　市政府向建设部申请对《长春市城市总体规划（1996—2020）》进行修编。

3月18日　市规划局向市人大城环委汇报长春市城市总体规划修编工作。

3月20日　市政府颁布《长春市道路和管线工程规划管理办法》。

3月23日　建设部宋春华副部长参加并主持南部新城规划国际咨询专家评审会。

4月5日　市规划局召开局系统处长工作经验交流会。

4月19日　建设部批复同意《长春市城市总体规划（1996—2020）》修编。

4月20日　市政府正式实施《长春市城市管理相对集中行政处罚暂行规定》。

5月14日　市规划局启动《长春整体城市设计》组织编制工作。

5月21日　市规划局向市委市政府主要领导汇报城市发展战略规划。

5月23日　市规划局向市政府汇报长春市城市总体规划编制工作。

6月3日　市人大李述主任就城市总体规划思想作重要谈话。

6月8日　市规划局邀请建设部副部长宋春华等在北京办事处召开城市总体规划修编专家咨询会。

6月12日—15日　邹德慈院士等中规院专家来长，为长春老工业基地提供咨询服务。

6月16日　长春市城市规划委员会正式成立。

6月21日　市规划局获吉林省建设系统依法行政先进单位荣誉称号。

6月22日　中规院等专业队伍来长，参与长春市城市总体规划编制工作。

9月9日　长春市城市总体规划和整体城市设计工作会议在北京召开。

9月29日　市委、市政府主要领导听取市规划局关于长春市城市总体规划和整体城市设计中期成果汇报。

11月30日　市规划局向市政协通报长春市城市总体规划工作情况。

12月22日　市规划局向市人大领导汇报《长春市城市总体规划纲要》成果。

12月24日　省建设厅召开长春市城市总体规划纲要征求意见会。

2005

2月18日　市规划局向市政府常务会汇报《长春市城市总体规划（2004—2020）》。

2月20日　市委书记王儒林听取市规划局关于长春市城市总体规划工作汇报。

2月22日　市规划局向市委常委汇报《长春市城市总体规划（2004—2020）》。

2月25日　市人大常委会审议通过《长春市城市总体规划（2004—2020）》。

3月5日　市规划局向省建设厅汇报《长春市城市总体规划（2004—2020）》。

4月1日　长春市城市规划展览馆（亚泰大街馆）揭幕。

4月2日—5日　建设部规划司城市总体规划纲要审查工作组来长审查《长春市城市总体规划纲要（2004—2020）》。

5月23日　市政府下发《关于开展长春市城市分区规划工作的通知》。

7月2日　市规划局组织编制完成西藏定结县总体规划。

9月5日　市规划局组织召开《长春整体城市设计》专家评审会。

9月12日　省政府召开全省城镇建设现场会。

11月19日　市政府下发《长春市乡镇总体规划审查工作规则》通知。

12月23日　市政府下发《关于开展地下管线工程专项治理工作的通知》。

2006

1月5日　作为长春市人才重点项目之一的国家注册规划师资质培训班开班。
1月16日　长春汽车产业开发区规划方案评审会召开。
2月17日　市委专题研究净月新城区建设问题。
2月28日　市人大主任李述听取伊通河景点规划设计汇报。
3月1日　市委书记王儒林听取哈大客运专线规划选址汇报。
3月20日　中央政治局常委、中纪委书记吴官正视察长春市政务大厅并检查长春市规划局窗口工作。
3月25日　市委召开"开发大铁北、建设北部新城"工作座谈会。
4月10日　市规划局组织编制完成《长春市108块重点棚户区改造总体规划纲要（2006—2008）》和《长春市108块重点棚户区改造规划指引》。

5月10日　市规划局、市监察局联合下发《关于开展城乡规划效能监察的通知》。
5月20日　市规划局组织编制完成《长春整体城市设计》以及《城市紫线划定》。
5月31日　市规划局向市政府常务会汇报《长春整体城市设计》成果。
9月18日　副市长王学战到市规划局研究城市规划工作。
11月20日　市规划局组织编制完成《2007年重点市政工程项目规划》。
11月24日　市规划局向市政府常务会汇报伊通河综合整治规划。
12月1日　市规划局组织编制完成《长春市城市分区规划》。
12月10日　市规划局组织编写新的长春规划史志，第二轮初稿编撰完成。

2007

1月8日　市规划局向市人大和市委常委会汇报南部新城核心区城市设计方案。
3月7日　市规划局向副市长王学战汇报规划治理整顿工作。
3月18日　市规划局组织开展哈大客运专线、长吉城际铁路、轻轨四号线等国家、省部级城市建设重大项目的规划研究。
4月1日　市规划局在规划展览馆（亚泰大街馆）对新一轮市总体规划、近期建设规划、10个分区规划、重点地段的控制性详细规划和部分城市设计进行公示和宣传。
5月7日　市规划局向市长崔杰汇报"四环路"快速路规划设计方案。
7月10日　市编委下发《关于调整长春市城市规划委员会组成人员的通知》。
7月25日　建设部副部长宋春华组织专家审议南部新城核心区城市设计方案。

8月10日　市规划局组织召开西客站规划设计方案专家评审会。
8月20日　《长春市基础测绘"十一五"规划》正式实施。
8月21日　市规划局向市人大汇报历史建筑保护规划工作。
10月9日　长春市城市规划委员会召开第一次工作会议，审议并原则通过了《长春市城市规划委员会章程》。
10月15日　市规划局向副市长郑文芝汇报中小学专项规划。
12月2日　市规划局组织编制完成空港物流园区、"十一五"电网建设与改造等91个重点建设项目的规划成果。
12月4日　市长崔杰听取市规划局五年规划工作思路汇报。

2008

1月5日　铁道部工程鉴定中心在北京召开长春西客站概念规划设计及建筑方案概念设计的专家评审会。
3月10日　副市长王学战听取市规划局关于长东北概念规划的汇报。
3月18日　市规划局向市城科会汇报南部新城城市设计。
3月21日　市规划局组织开展《长春净月经济开发区西部区域战略研究规划》方案征集。
3月24日　市政府常务会听取市规划局关于贯彻新城乡规划法工作汇报。
3月28日　市人民政府批复《2009年长春市住房建设计划》。
4月1日　市规划局实施新的《城乡规划行政许可业务流程》。
4月18日　建设部城乡规划司司长唐凯在市政府讲解新《城乡规划法》。
4月22日　长春市城市规划委员会召开第二次工作会议，会上审议"长东北开放开发先导区概念规划、'皓月现代高新技术农牧产业园区'相关问题、长春市中心城区金融业集中区空间发展规划"三个议题。
4月24日　省建设厅领导到市规划局进行规划工作调研。
5月21日　市编委下发《关于调整长春市城市规划委员会组成人员的通知》。
5月28日　市政府下发《关于加快完成控制性详细规划编制工作任务的通知》。
6月6日　市规划局组织召开绿园区先进制造业扩展区控制性详细规划论证会。
6月18日　市规划局副书记曾宪智带队赴四川"5·12"地震灾区参加首批灾后重建工作。

6月22日　市规划局组织编制完成南部新城19.8平方千米规划设计及控制性详细规划，正式移交给南部新城管委会。
6月23日　市长崔杰主持研究历史文化保护工作。
6月26日　市委、市政府主要领导视查历史建筑保护工作。
7月3日　市政府批复《长春市住房建设规划（2008—2012）》。
8月11日　市规划局同长春南部都市经济开发区共同组织开展南部新城1.81平方千米的核心区城市设计方案征集工作。
10月8日　吉林省测绘局组织召开《全省测绘放权对接暨政务信息工作》会议，市规划局进行了先进经验介绍和交流。
10月28日　市人大、政协领导视察长春市历史建筑保护工作。
11月7日　市长崔杰听取市规划局关于西客站设计方案的汇报。
11月13日—14日　市规划局组织召开"长春南部新城核心区城市设计方案专家评审会"，七家参与，澳大利亚考克斯设计集团排名第一。
12月8日　市规划局组织编制完成《长春市（中心城区380平方千米）控制性详细规划（草案）》，并组织召开专家论证会。

2009—2012

2009

1月4日	市规划局审批办被评为2007—2008年度全市精神文明窗口单位。
1月5日	市规划局向市长崔杰汇报长东北概念规划。
2月3日	市规划局组织召开《长春站综合交通换乘中心》专家咨询论证会。
4月21日	市政府召开《长春市城市综合交通体系规划》工作会议。
3月20日	市规划局组织开展《中华人民共和国城乡规划法》宣传与咨询服务活动。
4月28日	市规划局召开"绿色宜居城市"研讨会。
5月19日	市规划局召开全市违规变更规划、调整容积率专项治理大会。
6月22日	市长崔杰听取天津大学规划院关于双阳区规划提升工作汇报。
6月29日	市规划局组织系统全体党员到净月监狱参观，听服刑人员现身说法，开展廉政教育。
7月1日	市规划局召开建局20周年纪念活动暨中层干部会议。
7月10日	市规划局王洪顺局长作为我市涉软部门和公共事业单位主要领导之一，在《长春日报》上向社会做出郑重承诺。
7月19日	市规划局完成全国重点测绘工程成果质量监督迎检工作。
7月22日	市委书记高广滨、市长崔杰专题研究规划建设工作。
8月10日	市长崔杰主持研究长影历史街区保护工作。
8月29日	国土资源部副部长、国家测绘局局长徐德明及省人大、省政府、省政协、长春市副市长王学战等领导参加全国测绘法宣传日活动。
9月12日	中国城市规划年会上，举办了"城市规划和科学发展"主题展暨新中国成立60周年城市规划建设成就展，长春市规划局以"绿色长春宜居春城——新中国长春城市规划建设60年"为主题参展。

9月14日	长春市城乡规划委员会召开2009年第一次会议；会议就《市规委会工作章程》、《长东北开放发展先导区发展建设规划》、《南部新城核心区城市设计》、《南部新城金融、商务总部集中区城市设计》、《净月生态城西部区域发展战略研究》、《西部新城核心区修建性详细规划》6个议题进行审议，并予以原则通过。
9月20日	市规划局组织编制完成南部新城核心区城市设计。
9月22日	市政府召开全市拆除违法建筑工作会议。
9月23日	市规划局组织编制完成净月西部区域发展战略规划。
9月25日	市规划局组织编制完成西部新城核心区修建性详细规划。
10月9日	《长春市城乡规划条例（草案）》经市人民政府第22次常务会议讨论通过。
10月18日	市长崔杰在日本东京新大谷饭店主持召开历史建筑保护工作研讨会。
11月3日	市政府开展建设领域突出问题专项治理工作。
11月12日	市政府印发《长春市人民政府关于拆除违法建筑的通告》。
12月4日	市规划局组织召开《长春市城市综合交通体系规划》专家论证会。
12月22日	市规划局组织召开了长春市首批历史文化街区专家评审会。
12月24日	市规划局组织编制完成长春市28个镇（乡）总体规划，召开专家论证会、专委会和部门审查会。
12月29日	市人大常委会第十七次会议表决通过了《长春市城乡规划条例（草案表决稿）》。

2010

1月22日	副省长王祖继听取长春市城乡规划工作汇报。
1月28日	省委书记孙政才听取长春市城乡规划工作汇报。
2月15日	市规划局组织编制《长吉区域空间发展研究》。
3月1日	市规划局组织编制《长春市"十二五"基础测绘规划》。
3月16日	省人民政府下发《吉林省人民政府关于长春市历史文化街区的批复》，同意将人民大街街区、新民大街街区、伪满皇宫街区、南广场街区、第一汽车制造厂街区、中东铁路宽城子车站街区批准为历史文化街区。
4月14日	长春市城乡规划展览馆工程正式启动。
4月22日	九台城市发展战略专家咨询会在北京召开。
5月18日	市规划局组织召开《长春市城市总体规划（2010—2020）》专家咨询会。

5月25日	市政府开展全市150天市容环境综合整治活动。
6月1日	《长春市城乡规划条例》施行。
7月8日	市规划局向市委书记高广滨、市长崔杰汇报历史文化街区和历史建筑保护规划。
7月18日	市委、市政府召开城乡规划建设专家咨询会。
9月22日	原建设部副部长宋春华主持召开南部新城核心区"四塔"建筑设计方案专家评审会。
9月29日	《长春市城市总体规划（2010—2020）》通过第四十二次城市总体规划部际联席会议的审查。
10月30日	"长春市城乡规划展览馆筹建办"正式成立并召开了"筹建办第一次工作会议"。
11月18日	建设部常务会通过《长春市城市总体规划（2010—2020）》。
12月3日—6日	市长崔杰率规划、交通等相关部门赴香港、新加坡考察研究城市交通问题。

2011

1月31日　市规划局组织开展《长春市控制性详细规划——中心城区65平方千米（草案）》公示工作。

3月8日　原建设部副部长宋春华在北京主持长春市规划展馆设计方案专家咨询会。

3月23日　建设部通知将长春市城市总体规划成果期限调整至2011—2020，调整后将《长春市城市总体规划（2011—2020）》成果重新上报建设部送交国务院。

5月9日　市长崔杰主持召开专题会议，同意规划展览馆"城市之花"的建筑设计方案。

5月12日　市政府第39次常务会审议通过《长春市制止违法建设、拆除违法建筑若干规定》。

6月8日　崔杰市长主持召开专题会议，会议对"城市之花"规划展览馆建筑群进行调整。

6月20日　长春市城乡规划委员会召开2011年第一次工作会议，审议《长春市城市交通"十二五"发展规划》、《长春市"两横两纵"快速路系统工程方案》、《长春市规划展览馆、博物馆、文化艺术展览馆筹建工作汇报》。

6月29日　市规划局召开长春市战略规划研究工作座谈会。

8月9日　市规划局组织编制完成《长春市"十二五"交通发展规划》。

8月24日　按照市纪委的安排，市规划局党委组织领导干部或重点岗位党员干部到铁北监狱参观。

9月14日　市规划局下发《关于加快镇、乡规划报批工作的通知》。

9月16日　长春市战略规划第一次技术交流会在长春市规划院召开。

10月21日　长春市城乡规划委员会——历史保护专业委员会成立暨召开2011年第一次工作会议。

11月8日　长春市"三馆"（城市规划馆、文化馆、民俗馆）工程奠基。

12月9日　副市长孙亚明听取取南广场历史文化街区中"老宽城villa"设计方案的汇报，明确提出：南广场历史文化街区的打造要保证质量，要出效果。

12月26日　国务院批复《长春市城市总体规划（2011—2020）》。

12月28日—29日　长春市城乡规划委员会——城乡规划与政策专业委员会召开2011年第5次会议，审议兰家镇等20个镇（乡）总体规划及镇区控制性详细规划。

2012

1月12日　国家测绘局批准长春市为国家"数字城市"地理空间框架试点城市。

2月7日　长春市成立《长春市历史文化街区和历史建筑保护条例》（草案）起草小组。

2月28日　市规划局被吉林省住建厅列为行政处罚自由裁量基准示范单位。

3月2日　长春市城乡规划委员会——城乡规划与政策专业委员会召开2012年第一次会议，审议永春镇总体规划。

5月9日　国家地理信息局、吉林省测绘局、长春市政府在长春宾馆举行数字长春地理框架建设项目签署仪式。

5月21日　市规划局被市委、市政府授予"创建全国文明城市先进集体、违法建筑拆除先进单位"称号。

6月1日　市政府第51次常务会议原则通过《长春市历史文化街区和历史建筑保护条例（草案）》。

6月6日　市规划局召开《长春市城市总体规划（2011—2020）》贯宣会暨"加快长春市城市总体规划实施工作会议"。

6月11日　长春市城乡规划委员会召开2012年第一次工作会议，审议并原则通过了《长春轨道交通装备制造产业园发展建设规划》、《吉林省长春皓月清真产业园概念规划》、《月亮岛规划设计方案》。

6月28日　长春市城乡规划委员会——历史保护专业委员会召开2012年第一次工作会议"，审议"原新京政法大学（现长春外国语学校）"保护设计方案。

7月23日　《长春市城市雕塑管理办法》经2012年6月1日市政府第51次常务会议通过，7月23日起施行。

8月16日　长春市十三届人大常委会举行第112次主任会议，会议审议了《长春市历史文化街区和历史建筑保护条例》。

8月21日　市政府批复中心城区的二道区14个控规单元、高新技术开发区16个控规单元、净月经济开发区20个控规单元、西新经济技术开发区15个控规单元控制性详细规划。

8月29日　长春市十三届人大常委会第三十八次会议第三次全体会议表决通过了《长春市历史文化街区和历史建筑保护条例（草案表决稿）》。

8月29日　市规划局召开推进长春市旧城综合改造工作会议，研究宽城区与南关区两个旧城改造样板区的规划编制问题。

9月4日　长春市政府批复中心城区的朝阳区14个控规单元控制性详细规划。

9月17日　长春市城乡规划委员会——城乡规划与政策专业委员会召开2012年第二次会议，审议奢岭镇等五个镇乡规划。

9月24日　听取西新经济技术开发区《汽车产业发展规划》工作汇报。

10月9日　市政府批复了兴隆山镇等13个镇乡总体规划。

10月18日　市政府批复《西新镇总体规划（2011—2020）》。

10月18日　市政府批复中心城区的经开区、宽城区、绿园区、南关区73个控规单元控制性详细规划。

Postscript

后 记

2012年末，市规划局在研究新一届政府的城乡规划工作的时候，认为有必要对前十年的规划研究和编制设计成果进行整理汇集，记录规划工作者通过艰辛努力、认真思考、包容并蓄、实践创新，已经逐步走向成熟的一段历程。

十年规划硕果累累，《长春规划十年》是按照长春市城乡规划编制成果体系，对2003年以来研究编制的各类城乡规划进行回顾和总结，编辑成书，真实记录城乡规划事业快速发展和提高的历程，予以表达对过去十年的回顾和对未来规划发展的展望。通过这本书，也向这座城市的人民做一次城乡规划工作的汇报。

本书编写得到了各级领导和社会各界的高度关注与支持，相关各单位、企业和热心人士为展示十年城乡规划成果提供了大量资料，编委们经过收集整理和精心编辑，多次审核、修改和完善，最终成书。由于本书内容的时间跨度较大，收集到各类规划成果繁多复杂，限于篇幅未能全部采用，深感遗憾和歉意。在此，对关心、支持本书的业界前辈、各级领导和规划同事们表示衷心的感谢！同时感谢为本书提供资料的各个单位(排名不分先后)：

长春市朝阳区、南关区、宽城区、二道区、绿园区、双阳区、经济开发区、高新开发区、净月开发区、汽车开发区、莲花山生态区、南部都市开发区、高新区长德新区的建设、规划等部门。

北京华清安地建筑设计事务所有限公司、华南理工大学建筑设计研究院、吉林省建苑设计集团有限公司、吉林建筑工程学院、吉林省东勘建筑设计院、吉林土木风工程设计有限公司、吉林北银规划建筑设计有限责任公司、上海绿地集团长春置业有限公司等设计单位。

长春新城投资开发股份有限公司、长春市伟峰房地产开发有限公司、长春万科房地产开发有限责任公司、恒大地产集团长春有限公司、大连万达长春房地产有限公司、长春中海地产有限公司、长春融创置业有限公司、长春中铁房地产开发有限公司、吉林亚泰莲花山投资管理有限公司、吉林省力旺房地产开发有限公司、和记黄埔地产（长春）有限公司、吉林万盛房地产开发有限公司、长春中信鸿泰置业有限公司、保利（长春）恒富房地产开发有限公司等。

由于编者水平有限，书中难免出现疏漏和错误，希望广大读者和专家批评指正，另外，个别图片清晰度不足，影响了图书质量，敬请谅解。

《长春规划十年》编委会

2013年5月8日